将本书献给所有的普通人、 贪玩的人

贪玩的人类 ②

老 多◎著

穿越百年的中国科学

No Science,
No Civilization

科学出版社
北京

内 容 简 介

　　人类的文明离不开科学的进步。回望近代科学在中国的百年历程，我们惊叹于科学对生活的影响，更震撼于科学对思想的冲击。

　　本书以生动独特的语言、跌宕起伏的情节和批判反思的视角，讲述了近代科学在中国从无到有，进而彻底改变中国的过程，以及中国近代科学启蒙者在探求真理过程中的奇闻异事。此外，作者还亲手绘制了精彩插图，直触心底地传达了科学的乐趣、玩的乐趣。

　　本书融科学性、知识性、趣味性于一体，有益于培养科学思维、开拓教育方法、挖掘内在潜能，非常适合对科学和历史感兴趣的大众读者阅读。

图书在版编目(CIP)数据

贪玩的人类 2：穿越百年的中国科学/老多著 .—北京：科学出版社，2013

　ISBN 978-7-03-037966-5

　Ⅰ.①贪…　Ⅱ.①老…　Ⅲ.①科学技术-创造发明-中国-普及读物　Ⅳ.①N19

中国版本图书馆 CIP 数据核字（2013）第 136666 号

责任编辑：侯俊琳　张　凡　李　葵　程　凤 / 责任校对：彭　涛
责任印制：李　彤 / 封面设计：无极书装 / 封面绘图：马　雯
编辑部电话：010-64035853
E-mail：houjunlin@mail. sciencep. com

科 学 出 版 社 出版
北京东黄城根北街 16 号
邮政编码：100717
http://www.sciencep.com
北京盛通数码印刷有限公司 印刷
科学出版社发行　各地新华书店经销
*
2013 年 8 月第 一 版　开本：B5（720×1000）
2024 年 1 月第十次印刷　印张：15 3/4　插页：1
字数：224 000
定价：48.00 元
（如有印装质量问题，我社负责调换）

自 序

哈，老多又出新书了，《贪玩的人类2：穿越百年的中国科学》。

这本书都聊些啥，玩些啥呢？ 玩穿越。 要玩穿越肯定和历史有关系，老多是历史学家吗？ 对不起，不是。 老多和大伙儿一样，是个草根。 老多没本事写历史学家写的历史，老多这本书只是讲了几个人和他们的故事。 啥人，啥故事呢？ 就是一百多年来，我们中国第一拨和赛先生一起玩的人，以及他们的故事。 因此这本书叫做"穿越百年的中国科学"。

听到"赛先生"这个词儿，大家可能有点陌生了。 也难怪，从陈独秀老先生发明这个词儿到现在，将近一百年的时间已经过去了。 不过老多以为，"赛先生"这个词儿，大家还是别忘记的好。 为啥呢？ 因为在陈老先生发明这个词儿以前，中国的的确确还没有赛先生，没有科学。 在那之前，科学是属于洋人的。

其实科学来到中国的时间并不晚，近代科学的开创者——哥白尼和伽利略等大玩家，当他们为了科学与罗马教廷苦斗的时候，就有几个洋和尚把那时候的科学带进了中国。 可是，那时候的中国人，因为自持有博大精深的尧舜之学、孔孟之道，对这几个洋和尚带来的西方科学不屑一顾。 也没人会想到，在后来的两百来年，科学在西方突飞猛进，几个洋和尚带来的科学已经变成了打败大清朝几万八旗子弟的利器。

终于有一天，一些中国人觉醒了，他们认识到，"国之利器"不是古老的尧舜之学、孔孟之道，而是科学。中国人不能继续躺在古代圣贤们的怀抱里睡大觉了，必须往前走了！于是，中国人奋起直追，一直到了今天。

　　这本书里写的，就是中国人从觉醒到20世纪前二三十年，那些为中国的科学事业玩了一辈子、奋斗了一辈子的科学家们。这本书一共有十二章，每一章里都写了一个或几个人的故事。这些人的名字，大伙儿有的熟悉，有的听说过，有的根本不知道。他们是中国科学各个学科的开创者，是鼻祖！不过，他们和我们大家一样，都是普通人。

　　现在，科研院所的实验室给人留下的印象可能是仪表闪烁、实验台锃亮，科学家们都带着眼镜儿，穿着雪白的大褂，都是斯文得不行的"高富帅"和"白富美"。不过这本书里写的几位，他们没有这么好的福气。虽然他们一个个都学富五车、学贯中西，几乎都是欧美各大名校的海归，可是他们可能先要从泥瓦匠、木匠和铁匠干起。好不容易把一个破破烂烂的实验室建好，还得提防漫天呼啸的子弹，以及从日本鬼子的轰炸机上投下的燃烧弹。不过，中国的科学大厦，就在这帮人的手里逐渐建立起来了。

　　现在大家都在说"中国梦"。梦想若要成真，必须下工夫、动脑筋。下工夫、动脑筋靠什么？靠科学。玩科学没有捷径可走，可能要花上几年、几十年甚至上百年。科学不是圣经，不是永恒不变的真理，科学是要不断往前走、不断进步的，就像一场永远的接力赛。所以，当我们骄傲地看着中国人自己的神舟十号飞上蓝天，在太空和天宫一号对接的时候，别忘了他们，那些曾经为中国科学的进步跑出第一步，为中国科学的起飞而用尽一生精力的普通人。

老 多

2013 年 6 月 15 日于北京多草堂

目 录

TanWan De RenLei2　贪玩的人类2

引　子

　　本书和大伙儿聊的是穿越的事儿，往哪儿穿，穿多长时间呢？是往过去的中国穿，时间也不太长，就100来年。100多年前的中国是个什么样子呢？这点事儿历史老师肯定最明白，听听历史老师是怎么说的吧。

课堂上，戴着眼镜的历史老师如果跟大伙儿聊起100年前那点事儿，肯定会有声有色地跟你讲，辛亥革命如何把大清朝宣统皇帝赶出紫禁城；国民革命军在北伐战争中如何所向披靡；抗日烽火中八路军、新四军如何与小鬼子浴血奋战。当然还有袁世凯怎么复辟当上皇帝，又郁闷地死了；汪精卫怎么成了败类、民族的罪人等。而且这些大名鼎鼎的人物不光历史老师会聊，也是玩电影、电视剧的最喜欢的主题，就连总爱跟你唠叨个没完的出租汽车司机，等红灯的时候也会跟你忽悠忽悠这些事情。如果你跟出租车司机说不知道，那你肯定会被他狠狠地"臭扁"一顿。

　　于是乎，在我们的脑袋瓜里，就留下了100年前中国许许多多大英雄、大革命家的名字，如孙中山、毛泽东，还有大反革命、大叛徒的名字，如袁世凯、蒋介石、汪精卫啥的。不过100年前发生的另外一些故事，那些故事里的人，历史老师没怎么讲过，电影、电视剧基本不演，出租车司机也基本不会跟你忽悠，如果你说不知道，也肯定没人会"扁"你，那是些什么故事和什么人呢？

　　如果哪天我们真能坐上时光穿梭机，回到那段时光，我们会看到，除了大英雄、大革命家、大反革命和大叛徒以外，在这条历史道路上，还有另外一帮人，他们是谁呢？他们可能是严复、丁文江、章鸿钊、翁文灏、李四光、黄汲清、任鸿隽、秉志、赵元任、高鲁、竺可桢、李善邦、李济、郭沫若、董作斌、杨钟健、裴文中、袁复礼、叶企孙、吴有训、周培源等许多的人。有人可能会问，这些人是谁啊？历史老师没聊过啊，历史课本上也几乎没有看见过他们的名字。这些人是干啥的？他们在玩什么呢？

　　京师大学堂改名为北京大学以后，首任校长是严复，他是一位被大伙儿叫做启蒙思想家的人。中国最早拿着小锤子在石头上敲来敲去、玩地质勘探的是丁文江、章鸿钊、翁文灏、李四光、黄汲清等人，我国最早的矿山、油田印着他们的脚印和汗迹。中国第一个玩科学的组织——"科学社"，出自任鸿隽、秉志、赵元任等人之手，他们还创办了中国第一个聊科学的杂志——《科学》月刊。中国第一个现代天文台、气象台、地震台是高鲁、竺可桢、李善邦他们一砖一瓦建立起来的。中国5000年的历史被李济、郭沫若、董作斌这几个考古学家、历史学家，从河南安阳挖出来的甲骨文里重新认识。北京猿人、山顶洞人是杨钟健、裴文中等人钻进北京西边的大山里发现的。中国第一块恐龙化石是袁复礼从新疆的山坡上挖出来的。"两弹一星"的大专家钱学森、钱三强、钱伟长、王淦昌、彭桓武、邓稼先，还有许多著名科学家，如赵忠尧、赵九章、王大珩，得过诺贝尔奖的李政道、杨振宁，他们的恩师都是叶企孙、吴有训、周培源等清华大学教授。

在100年前那个军阀混战、战火纷飞、硝烟弥漫、饭吃不饱、觉睡不踏实的时代，这些人却干出了这么多事情。不过这些事情不是伟大的革命运动，这些人也都不是伟大的英雄或革命家。不但不是，他们只是一些普通人。不太一样的是，他们都怀揣一个梦想，啥梦想呢？科学救国、教育救国！这些人留下的不是革命的历史，而是中国科学的历史。历史学家比较关心革命和英雄的历史，课堂上、普通历史课本上聊的也都是英雄和革命家，基本不聊普通人，所以不是大学历史系、哲学系的学生，或者没有专门读过科学史的人，是不会了解这些普通人及他们创造的历史的。不过，咱们也不能怪历史学家，就像如今霍金喜欢聊的"多重宇宙论"，或者叫"平行宇宙论"一样，历史也是多重的，在悠悠历史长河之上的每一个时刻，我们会看到，有一帮革命家们在闹革命，不过就在革命闹得热火朝天的同时，在火光的背后还可以看到另外一帮人，他们是谁？他们就是那些普通人。他们在干啥？他们在玩着科学，他们是中国现代科学的启蒙者、带路人。不过这些被淹没在普通历史课本背后的普通人创造的历史，对于一个生活在21世纪的，玩着iPhone、iPad的，同样的普通人来说，是应该了解一下的，为啥呢？

英国伟大的哲学家培根说过，"读史使人明智"。咱们中国也有一句老话叫"以史为鉴"。这些话说起来轻巧，到底怎么读史，读些啥历史，才能使人明智，才能以史为鉴呢？

历史是已经发生过并且已经过去的事情，穿越时光读历史不光是为了解闷儿，为孩子准备睡前故事，那读历史还能干点啥呢？清华大学教授叶企孙写过一句话："读史徒知事实，无补也。善读史者观以往之得失，谋将来之进步。"原来读历史还可以谋将来之进步！

读英雄和革命家的历史可以教会我们一种精神，啥精神呢？那就是革命精神。而读那些怀抱科学救国、教育救国理想的普通人的历史，也可以教会我们一种精神，啥精神呢？那就是科学精神、创新精神。革命精神、科学精神和创新精神是可以让人明智的，是可以为鉴的，也是参加高考、对付招聘官、对付老板、升职涨工资、相亲找对象、教育孩子、在酒桌上和哥们儿侃大山等能用得着的，总之是让我们的生活更加充实、更加幸福，是让我们更加快乐地走向明天、走向未来不可或缺的精神食粮。

本书会带着大伙儿穿越百年的时光，去看看那些普通人的故事、普通人的历史。

人类是地球上，也可能是整个宇宙中唯一一种走入文明的动物（有人猜测宇宙的其他角落也存在文明，不过至今还没人见到过）。啥是文明呢？文明包括会用火，会盖房子，会种庄稼，会养猪养牛，会跳舞，会唱歌，会作诗，会写文章；还包括有人当官，有人当兵，有人当老百姓；也包括让人们讲规矩、懂礼貌，还有一点很重要，那就是懂科学。当然文明不是一下子就被上帝创造出来送给人类的礼物，文明是人类在几千年、几万年、几十万年甚至几百万年漫长的演化过程中，自己一点一滴发现、总结并且传承下来的宝贝。

人类文明一开始是在几个毫不相干的地方产生的，比如巴比伦、印度、中国和玛雅。随着人的各种能力越来越强，本事越变越大，尤其是科学出现以后，本来各不相干的文明相互之间有了联系。开始可能是互相不理解，谁都不服谁，甚至打架。不过，随着时间的推移，即使还在纠结，还是不太服，还在打架，但各个文明之间却悄悄地、更频繁地交往起来，以致互相影响。到了今天，人类文明已经几乎融合为一个整体，在北京的大街上碰见美国佬和在纽约的大街上碰见泪汪汪的河北老乡，已经是再正常不过的事情了。

中国人在世界的东方创造了伟大、辉煌的文明，而且是全世界唯一一个香火不断、具有上下 5000 年连续文明记录的国家，因此中国人对自己的文明充满了骄傲。在几百年前甚至更早的时候，中国也开始与世界其他文明发生联系。只是那时候骄傲的中国人根本不把其他文明当根葱，所以与其他文明互相影响和融合的过程是缓慢的。不过那时欧洲的洋人却对中国文明充满好奇，一不小心他们从中国文明那里学会了造纸术和印刷术，于是文艺复兴如同干柴烈火燃遍了欧洲；一不小心他们又发现指南针挺有用，于是洋人的船队举着指南针，高高兴兴地驶向了全世界；然后还是一不小心，他们又学会了造火药，结果洋人开着军舰来了，军舰上下来的扛着火药枪的大兵，把中国骑着马挥着大刀的士兵打败了。那时候中国虽然很惨，但融合的进程加快了，洋务运动来了，火车跑起来了；留美幼童走了，他们又回来了；庚款留学生走了，他们也回来了；到了 1911 年 10 月 10 号，在中国的武汉响起一声枪声，这声枪响终于让中国从只属于自己的封建宫阙中走出来。皇帝被赶出紫禁城、剪掉大辫子、穿上洋装。到了今天，我们在享受着现代文明、现代科学带来的一切，玩 iPad 的中国人一点儿都不比美国佬少。

在古老的中国与世界文明融合的过程中，不但有扛着枪与敌人战斗的大英雄，还有许多没有拿枪，但同样是用自己满腔热血，把现代科学带进中国的人。他们是中国科学的启蒙者，他们是普通人。不过，他们和所有的英雄、革命家一样伟大、可爱。

下面就让我们穿越百年的时光，回到那个纷乱的却又充满了梦想和希望的时代，去看看那些和赛先生一起玩的普通人，看看他们是如何书写属于他们的，也就是科学大厦在华夏大地上建立的历史吧！

第一章 达尔文第一个中国弟兄

　　达尔文伸着脑袋坐在英国军舰"小·犬号"上，在大海上游荡了5年，他发现了一件大事。20多年以后《物种起源》发表了，在这本书里达尔文隆重推出生物演化理论。这可吓坏了千百年来坚信万物是上帝创造的基督教徒们，于是群起而攻之。这时一个人豁地站起来，大声喊道，达尔文是对的! 他是谁? 他就是自称"达尔文斗犬"的赫胥黎。1892年，赫胥黎在牛津大学作了一次演讲——"进化论与伦理学"。没过多久，这篇讲话稿被一个在英国留学的海归翻译成了《天演论》，"It is not the strongest of the species that survive, but the one most responsive to change" 这句话被他翻译为"物竞天择，适者生存"，这句话也唤醒了沉睡几千年的华夏雄狮。

我们的穿越就从 19 世纪中期，准确地说是 1854 年开始。

这一年，中国出了两件说大不大、说小不小的事情。什么事情呢？第一件事是珠海人士容闳，那年他从美国耶鲁大学毕业，这个已经灌了满肚子洋墨水儿的广东仔没在美国多待，一溜烟儿跑回了祖国。第二件事是那年的 1 月 8 日，福建侯官一个小山村里，有个男孩儿出生了，他的名字叫严复——严几道（1854～1921）。这是两件小事，小到几乎没人知道，那大事呢？

广东仔容闳回国以后，立刻开始了他艰难而又漫长的"留学幼童"计划，十几年以后的 1872 年，一群拖着大辫子、脚蹬布靴、懵懵懂懂的少年，作为第一批官派留学生登上了开往美国的轮船。这件事可不小，后来中国许多著名人物，如中国铁路之父詹天佑，中华民国第一任总理、复旦大学开创者唐绍仪，清华大学第一任校长唐国安等就出自这批留学生。那个福建侯官出生的小男孩严复严几道呢？几十年以后，他成了一个被人称为中国近代启蒙思想家的、非同凡响的普通人。

什么叫启蒙思想家？咱们中国，自古就有老子、孔子、墨子等一大堆圣贤，这么牛一国家，还需要谁来给咱们启蒙？中国确实很牛，可老子、孔子和墨子这些大圣贤们都忘了教咱们老百姓一件事儿。啥事儿呢？发展科学技术！结果科学技术让西方的洋人占了先。所谓启蒙就是把已经在西方发展起来的科学，以及先进技术和思想带进中国。这件事在严复以前就没人玩过吗？确实已经有不少人在玩，比如大明朝有一个跟洋和尚利玛窦一起翻译《几何原本》的徐光启（1562～1633）老先生，还有写了一部百卷巨著《海国图志》、比严复大整整一个甲子的魏源魏默深（1794～1857）老先生，另外还有直接开工厂、造洋枪造洋炮的洋务运动，这些都对中国起到了很大的启蒙作用。不过严复和他们玩的启蒙不太一样，前面的那些学者和洋务运动玩的是所谓"以夷制夷"。啥叫"以夷制夷"呢？就是把洋人的技术、洋枪洋炮赶紧学来，用洋人的洋枪洋炮去对付洋人，跟现在说的"山寨"差不多。可严复觉得光山寨不行，他觉得不但要学洋人造坚船利炮，同时还要学习西方的思想。啥思想？哲学思想、民主思想、科学思想。

这一下严复先生就成了西方哲学和科学思想在中国最早的传播者和启蒙者。照美国著名汉学家史华慈的说法："他是认真地、紧密地、持久地把自己与西方思想关联起来的第一个中国学者。"①

1840年，大清朝曾经无敌天下、骁勇善战的几万八旗子弟被几千个扛着洋枪洋炮的英国佬给打败了，受到屈辱的中国人突然惊醒，魏源先生的《海国图志》就是在这个时候开始写的。《海国图志》是一本介绍世界地理的书，是应林则徐的嘱托而编著的。虽然是本世界地理书，但魏源在这本书里还教给大家许多怎么对付洋人的战法。他在第一卷《筹海篇》写道："攻夷之策二：曰调夷之仇国以攻夷，师夷之长技以攻夷。"② 啥意思呢？他说，攻打洋人的策略有两种：一种是调动洋人的仇敌攻打洋人（这些仇敌还是洋人，比如让美国佬打德国佬），另一种是学会用洋人先进的技术去攻打洋人，这就是后来大家都知道的"师夷长技以制夷"的著名段子。接着，不服输的中国人为自强而兴起了一场轰轰烈烈的洋务运动。没过多久洋务运动不但把洋枪洋炮、架着加农炮的铁甲巡洋舰学来造出来了，也把其他好多外国的洋玩意儿，比如洋火、洋纸、洋伞也都学来造出来了。

可那时候，中国人对洋人其他方面，如科学思想、教育制度的态度是怎样的呢？还是没当根葱，基本属于不屑一顾。包括魏源这样的学者，还有洋务运动领袖李鸿章那样的洋务派人物，他们还是把尧舜、孔孟之道视为最高境界，还是喜欢玩"俗人昭昭，我独昏昏"比较务虚的中国传统文化，是几千年传统的铁杆粉丝。可这时候怎么会冒出个严复来呢？这可能和他出生的地方多少有点关系。

中国人有个习惯，喜欢自称南方人或北方人。中国的南北方和美国当年南北战争时期南北方的概念完全不一样，这里所说的南北方只是把居住在中国长江两边的人作了一个大致的区分，政治观念、宗教信仰还有民族精神毫无区别。比如那时候无论是南方人还是北方人，男人都留根儿大辫子，女人都裹小脚儿，私塾里念的书也都是"人之

---

① 本杰明·史华慈.1990. 寻求富强——严复与西方. 南京：江苏人民出版社.
② 魏源.2011. 海国图志. 长沙：岳麓书社.

初，性本善"。不过，虽然都是大中华的一部分，长江两岸的自然景色还有老百姓的生活习惯，确实还有不小的区别。严复的家乡福建就和北方中原一带的景色完全不一样。福建侯官是现在福州市的闽侯区，属于武夷山东南的闽浙丘陵地带。太平洋上温暖潮湿的海风穿过重峦叠嶂，吹进山谷，让这里的山山水水变得十分秀丽。崇山峻岭之中，古木参天，流水潺潺，小山村周围摇曳着一片片翠绿婆娑的竹林，在如此优美环境下生活的人也多少会带点儿浪漫的气息。一个身材瘦小又古灵精怪的小伙子，欢笑着跑在竹林之间，追逐光着小脚丫的小妹妹，和满脸冒着傻气、大个子的北方憨娃，在一片满是烟尘的黄土地上追赶野蛮女友的感觉肯定大不相同。因此，尽管都属于中国文化传统，气氛却会有些不一样。于是这个美丽动人的地方也出现了一些不太一样的小伙子还有学者。

就像牛顿、爱因斯坦并非生来就是伟大的物理学家一样，严复也不是一个天生的启蒙思想家。严复小时候和那时所有的孩子一样，是作好了面壁十年、苦读诗书，然后考取功名的一切准备的。那时候读书和现在不一样，现在读书就算也是为了将来混个差事，高中毕业以后就可以根据自己将来的理想，去考不同的大学。比如想当舰长就去考海军指挥学院；想当大法官就考政法大学；想做个盆满钵满的大商人就去读财经大学；要想将来混个中科院院士当当，那起码也得读北大或者清华。可严复小时候没这些，那时候想混个武状元就去习武练拳，想当文状元就去私塾里听老先生给你讲诗书，所谓诗书的内容除了四书五经，就是来自古代各家圣贤的经典。而且老师只让你摇头晃脑地背诵各家圣贤的诗书，背不下来就要挨手板，至于圣贤写诗写书的时候在想什么，关于思考这件事老师不会教你，其实他自己也不知道。读诗书能读出"黄金屋"，能读出"颜如玉"，也能读出启蒙思想家？这不是天方夜谭吗！不过严复能从读诗书的书呆子变成启蒙思想家，就是因为他在福建闽侯这个美丽动人的地方，碰上一位比较邪门儿的老师，这是咋回事呢？

中国的读书人虽然自古都在读圣贤的八股书，不过几千年来也不都是一种读法，书呆子们也玩过几次小小的创新。比如汉唐时代比较盛行的是训诂学，这种读法也叫小学。到了宋朝有一帮人玩别的了，而且一直玩到明朝，后来人们把这些人的学问叫做宋明理学。啥叫宋明理学呢？这件事比较复杂，一两句话说不清，举个例子也许能说明一点问题。北宋有一个叫张载张孟阳的大儒，据说是宋明理学的开创者之一，是开山之人，他虽然只活了不到60岁，可他写了不少文章被后代编成《张载集》，他提出一种伟大的学说——"气本论"。啥叫"气本论"？张先生说："太虚无形，气之本体，其聚其散，变化之客形而。"① 什么意思呢？他告诉大家，看上去虚无缥缈、无形又无味儿的就是气，天地万物都是由这些缥缈无形的气所生的，这就是他的气本论。那气是什么呢？他说的气肯定不是咱们现在了解的充满大气层的氮气、氧气、二氧化碳，或者因为憋不住从肚子里偷偷溜出来的、味道很难闻的气，他说的气和这些毫无关系，那和什么有关系呢？和古代圣贤有关，他说："神，天德，化，天道。德，其体，道，其用，一于气而已。"② 他说关于天德、天道、其体、其用的神、化、德、道，就是气，也就是说气就是神德天道，这些神德天道是哪儿来的呢？为了解释这个问题，张载先生不是从物理学里去找答案的（想去找也早了点，因为那会儿离物理学开宗之伽利略出生还差500年），那他去哪儿找呢？他是从古代各家圣贤那里找。张孟阳先生气的理论其实是从圣贤们关于天、地、人，或者天理、人性和道德等一大堆概念里冥想思辨出来的。这个伟大的理论虽然不具有物理学的意义，可他教会了人们思辨的方法。古代圣贤的深奥哲学被张孟阳老先生用他那复杂奇妙的思辨冥想给变成气的理论，后来的朱熹、王阳明都是这一派的大家。

不过这个学问后来有分支了。有些人可能觉得"气"啊、"本"啊，这些玄妙的东西不好玩，有一帮人盯上了宋学中文字描写之美。这又是怎么回事呢？由于宋明理学研究的都是复杂的思辨和玄妙的理论，这些理论要想让人稍微看明白点，就必须用很讲究的文字来描写。

---

① 张载.1978.张载集·正蒙·太和篇第一.北京：中华书局.
② 张载.1978.张载集·正蒙·参两篇第二.北京：中华书局.

所以像张载这样的理学大师，同时也是文学大师。于是后来有帮人看中了理学中文字之妙，玩起了文字。其中有一群来自安徽的大儒二儒，玩出一个叫做"桐城派"的文字学派，把中国的古文玩到了极致，"天下文章其在桐城呼"，这是乾隆年间对桐城派的赞誉。

训诂学、宋明理学、桐城派还不算完，还有一帮人，这些人觉得宋学的研究太玄、太离谱、不落地，觉得还是回到考据训诂比较好玩，这个学派叫考据派，也叫汉学，开创者是明末的顾炎武。但顾炎武的考据不是要回到汉唐时代，他对汉朝那种没头没脑的训诂也很烦，他高喊"天下兴亡，匹夫有责"，说明他是个理想主义者，他是想从圣贤那里找到他理想中的真理和真知。著名历史学家李济（1896～1979）认为，考据学直到17世纪才得到完整的发展，顾炎武是这门学问的第一位大师。[①] 顾炎武的考据学不赞成把圣贤给弄得这么玄乎，他主张要注重实际，而不是用僵化空洞的冥想对待圣贤。只不过他说的"实际"也不是咱们现在从词典里了解的"实际"（fact）。

前面这段很多人估计都没怎么看明白，啥考训诂学、气本论、桐城派、考据派，咱们古代的圣人们怎么专门玩这些不落地的玩意儿呢？有个美国学者估计是基本看明白了，他说："据认为，朱熹和王阳明的后继者所关心的，仅仅是从他们自己头脑中杜撰出来，然后用儒家经典加以解释的空洞词句。""考据派起初以顾炎武等人为代表。这一派提倡注重现实，即往往标志着各地思想新动态的现实。他们主张从事实中寻找真知（实事求是）。但是，这里说的事实并不是弗朗西斯·培根感兴趣的事实，而是有关中国文化传统的史实。"[②]他说顾炎武事实上是在琢磨古代圣贤心里在想啥、想干啥，虽然还不算现代意义的事实，但比起张载老先生多少落了一点地。说这话的人是谁？他就是史华慈，美国汉学家，上面就是他对宋明理学和顾炎武考据派的评价。

接着说严复。生活在大地方、正儿八经的读书人，比如在京城或

① 李济.1994.安阳.贾士衡译.台北："国立"编译馆.
② 本杰明·史华慈.1990.寻求富强——严复与西方.南京：江苏人民出版社.

咸阳、开封、南京府这些大城市里的书院、私塾里读书、教书的文化人儿，都各自抱着汉学、宋学、桐城派或考据派某个先贤的大腿不放，很少有人想起来去玩兼容并蓄。生活在边远山区，却又美丽如画小山村里的乡下学者们，也许觉得反正也不会有啥大出息，于是各家都去看看，都去玩玩。严复碰上的就是这么一位在当时非正统的、比较邪门儿的老师。这是怎么回事呢？

严复 10 岁的时候，父亲为他请来了一位塾师。这个塾师通晓各家理论，而且比较赞成顾炎武，他玩出一套宋学、考据派并重的论点。所谓并重就是博众家之采、兼容并蓄，不但读宋学，同时还玩顾炎武的汉学，而且写文章玩的是桐城派的风格。虽然这位老先生只教了严复两年就去世了，但他这种治学态度和方法却对严复的一生产生了不可磨灭的影响，"我们看到黄少岩（严复的塾师——笔者注）为他 12 岁的学生规定了学习宋、元、明三代杰出思想家的处世态度和思想倾向的任务。思索一下，就会发现，严复后来对斯宾塞宇宙论的形而上学体系和对穆勒逻辑归纳法与经验主义所抱有的同样热情，正是在某种程度上反映了他的老师糅合'汉'学与'宋'学价值的苦心……"[1]什么叫"对斯宾塞宇宙论的形而上学体系和对穆勒逻辑归纳法与经验主义所抱有的同样热情"呢？其实就是兼容并蓄。斯宾塞和穆勒是两个风格不太一样的哲学家，斯宾塞很严肃，玩社会学、法律，穆勒是个自由主义者，反对宗教专制，崇尚自由。不过史华慈这里只说了宋学和汉学，其实严复还是一个非常地道的桐城派，严复比他说的更兼容并蓄。

严复原本也是想苦读诗书，然后考取功名。可他的命不好，恩师死了以后，不久，父亲也没了。父亲是当地挺有名的郎中，所以活着的时候家里生活还算不错，他死以后家里就没钱了。严复那时才 12 岁。而他的少年时代，正是曾国藩、李鸿章等玩的洋务运动如火如荼地兴起的时代，就在严复老家不远的福州马尾，一个叫做船政学堂的洋务学校刚刚鸣锣开张。船政学堂按现在的话说就是海军学院。发起

① 本杰明·史华慈.1990.寻求富强——严复与西方.南京：江苏人民出版社.

和掌管学堂的船政局大臣沈葆桢是严复的同乡，也是他父亲的好朋友。在沈葆桢的举荐下严复来到船政学堂读书。那个时代，进船政学堂读书，不像现在考上海军学院那么风光。不但如此，那时不学儒家的国学而去上什么洋务学校是一件非常没面子的事情。为招揽人，船政学堂不但免学费，还每人每月发给三两纹银以补贴家用。不要钱还倒贴？不去白不去！于是严复来到船政学堂。船政学堂分造船学堂和驭船学堂两科，造船学堂用法文教学，驭船学堂用英文。由于严复入学考试考了个第一名，第一名有资格选择上哪个学堂。他选了后者，也就是用英文讲课的驭船学堂。没想到，这个选择改变了严复的一生，也造就了一位中国近代著名的启蒙思想家。

　　15～16世纪，以葡萄牙人为首的欧洲船队，绕过好望角漂过印度洋和马六甲海峡，登上了中国广东的海岸。大鼻子蓝眼睛的洋水手第一次出现在中国人面前。一开始是大鼻子洋水手，接着是蓝眼睛的洋和尚。洋和尚除了让中国老百姓知道世界上还有个像孔夫子、如来佛一样受人尊敬的大圣人耶稣以外，还带来了好多中国人以前从来没见过的玩意儿，比如世界地图、自鸣钟、望远镜等。洋和尚高兴地把这些玩意儿演示给大家看。于是，一个叫"西学东渐"的时代开始了。从此中国人开始逐渐了解西方，认识西方人。只是这种了解和认识，中国人开始并不是很情愿，因为那时候大家都把洋人叫做蛮夷之人。洋人带来的自鸣钟、望远镜这些玩意儿都叫做奇技淫巧。什么叫蛮夷之人呢？蛮夷之人就像非洲或南美洲亚马孙丛林里的土著，还是用树叶遮体、茹毛饮血，不认识字、没文化的野蛮人。那啥叫奇技淫巧呢？《尚书》云："作奇技淫巧，以悦妇人。"什么意思？《尚书》批评商纣王很荒唐，就知道泡妞讨女人喜欢，所谓"奇技淫巧"，就是讨妇人喜欢的小玩意儿，比如小手饰、头发簪子，还有耍猴戏之类的雕虫小技。对洋人如此态度，还会有几个人想诚心诚意地去了解洋人，学这些蛮夷之人的科学技术呢？

　　不过此时的西方却是另外一番景象，一股"中国潮"正在那边蓬蓬勃勃地兴起。已经会玩科学，会造坚船利炮，这么牛的欧洲人怎么会想起玩"中国潮"呢？欧洲的"中国潮"是怎么来的呢？这事儿开始和从中国贩运到欧洲的各种商品有关，比如来自中国的茶叶、丝绸、瓷器和漆器等，这些商品通过葡萄牙和其他国家的商船运到了欧洲。不过有人可能会问，最近这些年才兴起玩古玩收藏，难道那时候欧洲就开始收藏中国瓷器了？其实不是，那些商品本来并不值钱，可因为是千里迢迢，花了大半年的工夫从中国运过去的，开船运公司的老板挣的就是运输费，结果那些本来不值钱的商品在欧洲的价格就比在中国翻了好几倍。这样的商品一般老百姓肯定买不起，能买得起中国商品的基本都是官僚、贵族等有钱人。一些洋人，尤其是开工厂挣了钱的暴发户，他们以拥有一两件中国的丝绸裤衩或瓷尿壶为荣，于是买几件具有异国情调的中国商品以示炫耀，这样的风气逐渐在欧洲扩散开来。而且这个风气愈演愈烈，后来好多欧洲的王公贵族还争着盖中国式的园林，布置中国房间，演中国戏，开中国舞会，中国潮就这样涨起来了。不过这都是那些有钱有势的洋人对表面中国现象的附庸风雅。除此之外，真正的中国文化也确实传播到了欧洲，这是那帮来中国传教的洋和尚和长期居住在中国的洋人完成的。

17世纪初，当以耶稣会为首的传教士不断进入中国以后，他们在给中国带来"西学东渐"的同时，也把大量中国的书籍带回了欧洲，并翻译成各种欧洲人能看明白的英文、法文啥的。这些书不光有《金瓶梅》，还有《醒世恒言》、《二刻拍案惊奇》等，还包括了《论语》、《中庸》、《大学》和《易经》等大量儒家经典，当然也包括道家等其他各家圣贤的书籍。此外，像利玛窦那样的传教士，他们还把大量描写中国各种情况的书信寄回了欧洲。当这一切充满异域风情又不失强大文化传统的东西出现在大鼻子蓝眼睛的洋人面前时，自称天底下最先进的、傲慢的欧洲人一下子惊呆了。

在这股"中国潮"中，虽然大家都在赞美中国，但洋大人们对中国的态度却各有不同。一部分人是对中国那些漂亮丝绸、精美瓷器和古玩，以及中国的小桥流水还有文人的儒雅风格赞赏不已，于是不假思索地把中国奉为太阳底下最伟大的国家，对当时中国的一切都趋之若鹜。一时间，中国成为这些洋大人学习、模仿和追求的最优美的对象，他们争当中国的铁杆粉丝。而另外一些人却不完全是这样，他们是谁呢？这些人是当时欧洲正在兴起的另一股风潮的领航员，他们就是所谓启蒙运动中的一些学者。啥是启蒙运动？历史书上有很多解释，不过历史书上基本是用一些抽象的名词堆起来的，看不太明白。而且更不会有多少人，尤其是洋人在评价启蒙运动时说，这其中是有中国的功劳的。怎么回事呢？

　　文艺复兴以后欧洲产生了近代科学，此后科学飞速发展，接着科学革命、工业革命来了。这一切都极大地促进了生产力的进步。机器代替了手工作坊，以前欧洲最高的建筑是教堂，如今工厂的烟囱成了最高建筑，而且越来越多。但是那时欧洲各国的天下归皇帝、教皇还有贵族，纺织厂的老板说话不如贵族地主管用，科学家说话不如红衣大主教管用，专制统治和宗教思想极大地影响着资本主义的发展，社会矛盾也越来越严重。于是在17～18世纪，像狄德罗、伏尔泰这样的学者出现了，他们在思考着，并且希望能找到一个解决方案：天赋人权、三权分立、自由、平等、博爱一个个一直延续到今天的民主思想便纷纷产生了。接着又发生了推翻皇权的法国大革命、美国独立战争、英国的文官制度等，最终整个欧洲完成了向资本主义的过渡。这些就是所谓启蒙时代发生的事情和结果。而这一切又与当时欧洲出现的"中国潮"有着极大的联系。例如，启蒙运动领袖，法国著名启蒙思想家伏尔泰，他读了孔夫子和老子等中国圣贤的书，深受孔夫子宣扬的仁、义、礼、智、信，还有老子《道德经》里尊重自然、讲究道德等观念的启发，他认为孔子和中国哲学家是真正相信道德、摒弃迷信的，欧洲的皇帝和教会不但不讲道德，而且相信迷信。英国在1731年开始实行的文官制度，也是对中国科举制的一种批判的借鉴。"在中国，一个人如果不是个真正有才能、有学识的人，他就不能成为一个官吏，亦即一位君子或有能力胜任政府中任何职位的人。"这是一个英国人说的，所以孙中山先生曾经说：现在各国的文官制度，差不多都是学英国的，穷源溯流，英国的文官制度原来是从我们中国学过去的。还有英国著名哲学家和数学家莱布尼茨，二进制是他的发明，不过当了解到《易经》里的八卦时，他非常谦虚地这样说，我的二进制算不得发明，只不过是伏羲原理的再发现（一般认为《易经》是伏羲的作品）。①

这些学者和对中国附庸风雅的洋大人还有一点不同，那就是他们不是一味地赞扬和崇拜中国，在认真地研究了中国以后，对中国当时落后和虚弱的情况他们也看得十分清楚。还是那个伏尔泰，他被认为是最喜欢中国、对孔夫子崇拜得五体投地的人，可他在谈到中国落后的情况时说："在科学上中国人还处在我们二百年前的阶段；他们跟我们一样，有很多可笑的成见；就像我们曾经长期迷信过符咒星相一样，他们也迷信这些东西。"①他甚至说："人们要问，既然在如此遥远的古代，中国人便已如此先进，为什么他们又一直停留在这个阶段？为什么在中国，天文学如此古老，但其成就却又如此有限；为什么在音乐方面他们还不知道半音……欧洲科学在三百年里的进步，胜过中国在四千年里的进步。"①欧洲这些启蒙学者就是以如此理性批判的态度去了解和认识中国的。

不过那时的中国，除了染上鸦片烟瘾的人越来越多，从来也没发生过什么欧洲潮，更没人用理性批判的态度去研究欧洲。中国的态度开始是拒绝来自西方的一切事物，当知道洋家伙很厉害以后，又觉得该学，学来干啥？学来对付洋人。至于洋家伙背后包含了什么科学思想，没有人去思考和关心。另外，当大家知道欧洲的"中国潮"时，又为此感到沾沾自喜，没人理性地对待这种文化的相互影响，而是夜郎自大地认为欧洲所有先进的科学技术其实根源都在中国，大喊所谓"西学中源"，而最早用理性思维去看待西方思想的人就是严复。

严复之所以会成为中国最早一个用理性思维看待西方的学者，完全得益于少年时代那个塾师黄少岩先生的教导，先生教他从朱熹、王明阳那里学会了思辨的方法，从顾炎武那里学到了严谨的治学态度，也从顾炎武那里知道了何为匹夫之责。除了治学态度、心中的理想，严复还是一个心中充满好奇，不顾习惯的羁绊，心无旁骛地去探寻、去玩的大玩家。所以严复和他同时代另外一位大师，戊戌变法的第一推动者康有为有很大的不同，虽然他们都是为了达到国家自强的目的。

---

① 许明龙.2007.欧洲18世纪中国热.北京：外语教学与研究出版社.

康有为变法的理想是把西方的先进思想与儒家传统撮合在一块，创立儒教，康有为对儒家及传统还抱着希望，为了不脱离传统，他琢磨出一套洋为中用的办法。可严复觉得传统已经烂透了，他想另起炉灶，全盘西化，玩得比康有为雷人多了。

如果不是心里装满好奇大问号的玩家，一个只读过"之、乎、者、也"，"关关雎鸠、在河之洲"的中国书呆子，肯定不会对船政学堂里用英文讲的，来自西方的各种自然科学知识，比如算术、几何、地质学、天文学，还有外语等有多大的兴趣。而且那时给学生倒贴钱的船政学堂是一个科举以外，入不了正统的学校，更没人逼着非要得高分。可是严复在船政学堂5年的时间，所有课程成绩都是一流的，可见这些新知识对他充满了强烈的吸引力。5年以后严复以最优等的成绩毕业，那时他19岁。由于受到沈葆桢和洋教头的赞赏，毕业以后他进入北洋海军，成了大清朝北洋水师的一个水手。他先在福建船政局制造的"建威"号巡洋舰上实习，第二年上"扬武"号巡洋舰服役，4年的时间里他随军舰游历了中国几乎所有的海域，巡洋舰还访问过日本、新加坡和马来西亚的槟榔屿等地，如此广阔和丰富多彩的世界让严复这个满脑袋问号的大玩家眼界豁然开朗，于是，一个全新的使命悄悄落在了这个青年人的头上。

1873年，恭亲王和李鸿章、左宗棠、沈葆桢等洋务派大臣，奏请皇上选派优秀人才赴英法深造，四年以后这个奏请终于被批准了，于是一批留着大辫子的中国留学生到达法国，这其中就有严复同学。严复在法国上岸以后，被送往英国朴茨茅斯大学，接着又以优异的成绩考取格林尼治海军学院。在英国两年多的时间里，他学习了高等数学、化学、物理、海军技术和海战公法等各种课程。由于去英国以前已经具有相当的基础，所以严复在英国的学习可谓如鱼得水。按史华慈的话说，严复虽然不是这些留学生中的"翘楚"，但成绩显然也是很棒的。

不过在英国的这些专业学习和训练，都不是严复可以成为一个启蒙思想家的最根本原因，他学的这些知识、受的这些训练，也许能让他成为一个非常优秀的科学家或战无不胜的海军上将，但他全都不是。

严复能成为启蒙思想家的真正原因是，"与富强的东道国相比，中国那极其不能令人满意的整个现状不可避免地把他的注意力引向专业之外的普遍问题"①。什么是专业以外的普遍问题呢？那就是西方为什么比中国强，洋鬼子们到底强在哪里。

严复在英国留学，一共待了两年多。这两年严复小同学可忙坏了，课余之时，这个还留着大辫子的留学生，钻进大街小巷，睁大眼睛观察英国佬的生活，他还溜进法庭，装模作样地旁听庭审过程，其实他是想知道英国佬到底怎么给小偷流氓判罪。放暑假他买张船票横渡英吉利海峡，跑到法国去了解法国大革命在那里产生的影响和变化，他想知道啥是共和国，啥是君主立宪制。最重要的一件事，那就是钻进图书馆，大量地阅读各种书籍，像一块掉进水里的干海绵，在知识的海洋里贪婪地吸吮着，他读过当时著名思想家和科学家，如亚当·斯密、达尔文、赫胥黎、约翰·穆勒、斯宾塞、孟德斯鸠等的著作。这些经历，这些观察、探索和大量的阅读，还有对"专业以外的普遍问题"的思考，才是造就严复这个中国近代伟大启蒙思想家的根本原因。

仅仅两年多的时间，严复观察、思考和阅读的书籍，恐怕是现在留洋 10 年以上的留学生想都不敢想的。如今留学国外，去插洋队的孩子，主要的目的基本是将来找个好工作，挣大钱，就算也是个好好学习的乖孩子，一般都喜欢在课余时间周游欧洲。几年下来，书读了几本，毕业论文写得如何不知道，在"围脖"上关于各国名胜的游记肯定写了一大堆。严复不是，他虽然也是个心无旁骛的玩家，可挣大钱他不敢想，至于周游欧洲列国，到死他也没去玩过。在欧洲的两年，除了英国他只去过法国，也不是去玩转法国，坐在塞纳河边悠闲地喝咖啡、偷看美女，他是去观察大革命对法国产生的影响和法国的变化。因为他心里有一个目的，那就是寻找国家富强的秘诀。

严复的一生，经历了近代中国几次急风暴雨式的动荡：中日甲午战争、庚子之变、戊戌变法、辛亥革命、袁世凯复辟还有张勋复辟等。

---

① 本杰明·史华慈.1990.寻求富强——严复与西方.南京：江苏人民出版社.

那时的中国正在经历着天翻地覆的变革，革命家、爱国者还有各种投机分子都曾经在那个时代大显身手。1878 年，也就是严复出国留学后的第二年，国父孙中山也到达檀香山，开始了 5 年求学和造就资产阶级革命理想的经历。不过，严复这个在英国学习和掌握了大量西方知识和思想的人，没有就此产生推翻清朝皇帝的想法，虽然在甲午战败以后他也曾大声疾呼"呜呼！观今日之世变，盖自秦以来未有若斯之亟也"①，并为戊戌变法中死难的六君子鸣不平，可他却从来不是一个行动家，更不是革命家，他到死都只是一个读书人、学者，不过他留下的却不比任何一个伟大的革命家少。他一生翻译了许多西方著名学者的著作，其中有赫胥黎的《天演论》（*Evolution and Ethics*），耶方斯的《名学浅说》（*Primer of Logic*），亚当·斯密的《原富》（*An Inquiry into the Nature and Causes of the Wealth of Nations*），斯宾塞的《群学肆言》（*The Principles of Sociology*），约翰·穆勒的《群己权界论》（*On Liberty*）、《穆勒名学》（*A System of Logic*），孟德斯鸠的《法意》（*The Spirit of Laws*）、甄克斯的《社会通诠》（*A History of Politics*）等。这些著作几乎把当时西方所有的先进思想，包括进化论、经济学、逻辑学、民主自由思想、社会学等第一次用中文展现在中国人的面前。当严复趴在桌子上翻译各种西方书籍的时候，1894 年孙中山在檀香山组成了中国第一个资产阶级革命团体——兴中会，提出了"驱除鞑虏，恢复中华，创立合众政府"的革命主张。

尽管严复不是一个革命家，但他留下的书籍对后来的中国产生了巨大的影响，许多著名革命家和学者都从严复翻译的这些书籍中受益，这其中包括康有为、梁启超、胡适、鲁迅、孙中山、陈独秀和毛泽东。

现在关于严复一生的经历可以在很多书或网络上读到，比如史华慈写的《寻求富强——严复与西方》，还有维基百科、百度百科等。不过如今他在人们心里留下的，多数都是一堆资料性的概念，比如中国近代著名启蒙学者、思想家、翻译家、教育家、复旦公学第二任校长、国立北京大学首任校长，慈父、鸦片烟鬼，还有袁世凯、张勋复辟的

---

① 严复. 2007. 天演论. 北京：人民日报出版社.

走狗等。另外现在大家对严复的了解，也就是他作为一个启蒙思想家的主要贡献，多数是他在西方政治体制、哲学、社会学、自由民主思想和教育等方面，而对中国在科学思想和科学技术进步等方面所起到的启蒙作用却不常被人提起。

那么他究竟对中国的科学进步有过什么贡献呢？从前面罗列的严复翻译的各种西方书籍中可以看出，赫胥黎的《天演论》是属于自然科学方面的，起码是具有自然科学方面内容的书。因为赫胥黎这只达尔文的斗犬，在这本书里其实就是在宣扬达尔文的进化论，只不过他又从社会伦理的角度探讨了达尔文的进化论，并且他是极端反对当时滥用达尔文的进化论而兴起的所谓社会达尔文主义的。严复用这本书《天演论》，以及"物竞天择、适者生存"这几个纯粹的中国词，把达尔文进化论的精髓第一次带进了中国。

严复翻译这本书不仅仅是逐字逐句把赫胥黎的书翻译完了事，他还在书中写下了大量的旁注，用他自己的理解又对达尔文的进化论进行了一番解释和论述，著名哲学家冯友兰这样评论："严复翻译《天演论》，其实并不是翻译，而是根据原书的意思重写一过。"①

严复在《天演论》的旁注中描述和讨论了大量的科学思想，比如关于科学精神他写道："学问格致之事，最患者人习于耳目之肤近，而常忘事理之真实。如今物竞之烈，士非抱深思独见之明，则不能窥其万者一也。"①这些桐城派的古文就是没张爱玲的言情小说容易看明白，严复老先生的意思是，搞科学研究最怕的就是只看到肤浅的现象，"习于耳目之肤近"，而忘了去探索事物的真谛，"忘事理之真实"，在竞争如此激烈的时代，如果没有独到和创新的思想，"抱深思独见之明"，那你看到的还不到万分之一，"不能窥其万者一也"。这里严复给我们描述的，其实就是我们现在天天在唠叨的科学精神和创新精神。所以这些话不但在100多年前的19世纪，穿越到21世纪的今天也都挑不出半点毛病。

还有一段翻译，严复也写得十分精妙和富于哲理："道每下而愈

---

① 严复.2007.天演论.北京：人民日报出版社.

况，虽在至微，尽其性而万物之性尽，穷其理而万物之理穷……"①
"每下愈况"出自于《庄子》，是东郭子问庄子道究竟在哪儿的时候，
庄子说的一句名言。而严复却把这个"每下愈况"用在解释科学方法
上了。他这里所谓的道，其实就是自然万物的规律，任何事物都是可
以"每下而愈况"的，也就是可以把事物分解为更小的单元，于是
"虽在至微，尽其性而万物之性尽，穷其理而万物之理穷"，只要研究
和认识了每个小单元，那么整个事物也就可以尽其性；找到事物的规
律了，就能穷其理。这其实就是严复对科学中还原论思想的描述。我
们知道，还原论是一种科学上很常用的方法，比如现代生物学把生物
从一个完整的个体分解到了细胞、分子、DNA 水平，物理学把物质分
解到了分子、原子、原子核里的质子、电子，甚至更小的轻子、夸克，
然后从对细胞、DNA 和原子、质子、电子等的研究来了解事物整体的
规律。

不仅如此，严复的《天演论》里还包含了大量的科学史知识。从
古希腊的泰勒斯开始，一直到他所在的那个时代许多伟大科学家的故
事及进化论产生的前因后果等，都被严复生动地描述了一遍。严复在
《天演论》里写的这些旁注，简直可以集成一本相当完整的通俗西方科
学史。

严复翻译这些洋人的著作，虽然用的都是古文，但他的古文读起
来十分流畅、文采飞扬，用字极其精妙。这除了与他是个桐城派有关
以外，他在翻译这些洋文书籍的时候，还遵循一个原则，那就是信、
达、雅。信就是忠实于原著的思想，达是语言通顺、易懂、规范，雅
是讲究文采和流畅的风格。所以严复在翻译某个外国字时，经常是
"为一名之立，而旬月踟蹰"。竟然会为"一名之立"踟蹰琢磨一个月！
真不愧一个玩儿文字玩儿到极致的桐城派大家。"桐城气息十足，连字
的平仄也都留心。摇头晃脑的读起来，真是音调铿锵，使人不觉其头
晕。"这是鲁迅说的。

严复作为中国的一位启蒙思想家，应该说是极为称职的。从他翻

① 严复．2007．天演论．北京：人民日报出版社．

译的《天演论》可以看出，他已经看到和认识到国家富强究竟来自哪里。现在我们都知道无论何种先进的思想、先进的社会制度和先进的教育方式，都依赖于科学技术的发展和进步，因为科学技术是第一生产力，是一切的基础。对此，显然严复已经非常清楚，所以他把赫胥黎的《进化论与伦理学》翻译成《天演论》。不仅仅翻译了赫胥黎所描述的进化论，严复还以自己对西方科学的认识和了解，为大家讲述了科学思想及西方科学的整个演变发展历程。

严复对后代的启蒙、启发和影响，也可以从鲁迅的评论中看出来："看新书的风气便流行起来，我也知道了中国有一部书叫《天演论》。星期日跑到城南去买了来，白纸石印的一厚本，价五百文正。翻开一看，是写得很好的字，开篇便道：'赫胥黎独处一室，在英伦之南，背山而面野，槛外诸境，历历如在机下。乃悬想二千年前，当罗马大将恺撒未到时，此间有何景物？计惟有天造草昧……'哦，原来世界上竟还有一个赫胥黎坐在书房里那么想，而且想得那么新鲜？一口气读下去，'物竞''天择'也出来了，苏格拉底、柏拉图也出来了，斯多噶也出来了。"（《朝花夕拾·锁记》）

严复和大家一样，是个普普通通的人，他的个人生活多数时间是不得意的，虽然学富五车，可由于他上的学都属于旁门左道，不是科举仕途，所以回国以后得不到朝廷的重视。从英国回来以后他在母校福建船政学堂做过教习，所谓教习虽然属于一种学官，可无品无级，和穷教师没啥区别。后来又在天津北洋水师学堂做过总教习，还是个吃粉笔末的，1889年"报捐同知衔"，就是花钱买了"同知衔"，委任北洋水师学堂会办，同知衔的会办虽然是个五品小官儿，但却是个副职，1890年严复好不容易熬到了正职——总办，可因为和李鸿章大人意见不合没过多久就不干了！没做过多大的官，也没挣到多少钱的严复，他的后半生主要精力都放在了翻译上，后来除了一点微薄的薪水，基本靠版税勉强度日，不得意的生活让他染上了鸦片烟瘾。在惨淡的生活面前，严复也许期待过也抱怨过，但是有一件事他从未放弃过，那就是用他的学识拯救贫弱的、正在受人欺凌的祖国的理想。晚年他回到家乡，1919年想续译穆勒的《名学》，却因严重的哮喘病未果。1921年10月，赫胥黎独处一室，在英伦之南，背山而面野，槛外诸境，历历如在机下，乃悬想二千年前……

这位老人乘鹤西去，结束了他平淡而又不平凡的一生。临走前立下遗嘱，内列三事。①中国不必亡，旧法可损益，必不可判。②新知无尽，真理无穷。人生一世，宜励业益知。③两害相权，已轻群重。

爱因斯坦曾经说过一句话：不要试图去做一个成功的人，要努力去做一个有价值的人。严复已经过世将近100年了，作为个人，严复确实没有什么值得炫耀的成功，不过，他带给我们的西方政治制度、哲学、自由、民主、人文主义思想、教育制度、进化论及科学思想，直到今天仍然具有巨大的价值。他不但把世界带进了中国，也让中国人走向了世界。

如今，在我们享受着现代科学所带来的一切好处的时候，最好别忘了，曾经有一个叫严复的普通人，他是一个有价值的人。

第二章　义和团的功劳

　　大家都知道迷信很害人，可迷信总是挥之不去，总喜欢围着人们的心灵转。20世纪初，对洋人的不理解和一些洋教士愚蠢的行为催生了仇教心理，于是迷信和愤怒造就了义和团。相信迷信胜过相信科学，被迷信冲昏了头脑的慈禧皇太后，对刀枪不入的神话坚信不疑，她想借用义和团的神勇给洋人点教训。没想到义和团的神勇都是浮云，慈禧被杀进京城的八国联军吓得魂飞魄散，带着光绪皇帝和家眷宫女仓皇逃往异乡，久久不敢回来。不过坏事却为好事创造了条件，谁也没想到几乎无法偿还的庚子赔款，却成了造就中国第一代科学家的经费来源。

时空穿梭机继续往回走，来到 100 多年前的 1901 年。

人类有纪元的历史已经走过了 20 个百年，在这一年的 9 月 27 日，当时已经是权倾一时的一品大员、被慈禧太后封为直隶总督兼北洋大臣、1 米 83 的大个头的合肥人李鸿章，却已经走到了人生的尽头，进入迷离状态。"临终未尝口及家事，唯切齿曰：可恨毓贤误国至此。既而又长叹曰：两宫不肯回銮。遂瞑焉长逝，享年七十八岁。"[①] 这是梁启超在《李鸿章传》里描述的李鸿章临终前的情形。意思是李鸿章临终前没说啥自己家的私事，如财产分给哪个老婆、姨太太啥的，却咬牙切齿地骂道"可恨毓贤这小子误国误到如此地步"，然后又叹息道"皇太后和皇上也不赶快回来"，说完就死翘翘了。他说的这些话啥意思呢？李鸿章痛骂的那个毓贤，是清朝光绪年间一个极端仇视洋人的酷吏，做过山东巡抚，他亲手或指使他人杀死洋人和基督教徒无数，以致让八国联军找到借口，把中国人又好好欺负了一阵子，所以李鸿章痛骂他"误国至此"。"两宫不肯回銮"，意思是慈禧和光绪在庚子国变以后逃到西安，怎么到现在还不回来啊？！

李鸿章去世这一年按中国的干支纪年是辛丑年。而前一年，也就是人类历史进入 20 世纪的开山之年 1900 年，这一年干支纪年叫庚子年。1900～1901 年这两年中国发生的事情大家也许已经淡忘了，但这件事情对于后来的中国来说却既充满了耻辱又带有希望。李鸿章临死前咬牙切齿痛骂"可恨毓贤误国至此"，就是指这件事情，历史书上叫做"庚子国变"。

1901 年 7 月，李鸿章和庆亲王奕劻灰溜溜地走进北京的东交民巷西班牙驻中国公使馆里，与英、美、俄、德、日、奥、法、意、西、荷、比 11 个国家的代表签署了一个条约，这个条约一共有 12 条，其中第六条规定："中国共付各国战争赔偿四亿五千万两银，分三十九年付清，每年利息为四厘，由中国的关税和盐税来偿付。"这就是著名的庚子赔款，这个条约就是《辛丑条约》，是中国在鸦片战争以后，与帝国主义列强签署的一系列丧权辱国的不平等条约之一。

---

① 梁启超 . 2009. 李鸿章传 . 西安：陕西师范大学出版社 .

啥叫一系列丧权辱国的不平等条约？中国为啥没事老和人家签丧权辱国的不平等条约呢？那其实就是因为 19 世纪中后期中国和洋鬼子干了几次仗，结果中国全都打输了，就像小孩儿打架，输了的必定要被胜利者骑在脖子上欺辱一番一样，战败国肯定是要被欺负的，于是中国被迫和外国签订了许多不平等条约。最早一次发生在 1840 年，那次是中国和英国因为鸦片烟打起来，中国败了，1842 年和英国人签了第一个不平等条约——《南京条约》。这个条约除了要中国赔给英国 2100 万两白花花的银子以外，还要五口通商、割让香港。十几年以后，中国又和洋大人打起来了，这次不光是和英国人打，法国人也掺和进来了，接着又来了俄国人。这次被叫做第二次鸦片战争，其实和鸦片烟已经没啥关系，就是洋人觉得中国人好欺负，要让中国开辟更多的港口让他们做生意，结果中国又输了，英法联军火烧圆明园，咸丰皇帝带着老婆孩子和后宫的美女们仓皇逃到承德避暑山庄。1860 年和英、法、俄签订《北京条约》，赔钱、割地、开放更多的通商口岸。30 多年以后的 1894 年又出事了，这次不是和西洋鬼子打，那和谁打呢？是和来自东边的东洋鬼子打，这次叫中日甲午战争，咱们还是败了，李鸿章和小日本签订《马关条约》，还是赔钱、割地、开放口岸。没过几年，1900 年又打起来了，这次参加的国家更多，数都快数不过来了，结果还是中国败了，1901 年签订《辛丑条约》，这次又是李鸿章，他在条约上签完字没多久就在郁闷中死去。

　　西洋人不是号称很文明吗？可他们为什么这么不讲理，三番五次地欺负咱们中国人呢？就算是小孩子打架，也有个完不是？再说仗都是在中国地面上打的，难道是我们得罪谁了？

　　第一次和第二次鸦片战争，还有中日甲午战争发生的原因虽然都很复杂，很难用一两句话说清楚，不过从前面关于和洋人打架、中国输了以后的结果可以看出，中国每次打输了和洋人签条约，基本就为两件事。啥事呢？一是赔钱，二是开放口岸，而且赔的钱和开放的口岸一次比一次多。打来打去为啥都是为这么两件事呢？说起来原因也很简单，当初洋人开着大轮船跑到中国来，就是想做生意赚钱。就像现在中国人和英国人开着集装箱大货船，跑了好几千海里到了美国，结果布什或奥巴马下令，只允许这些货船在一个又小又破的港口靠岸，而且规定不许女人和无关人员上岸，这岂不是很让人郁闷？那时候咱们大清朝还就是这么干的，在第一次鸦片战争以前，外国商船只能从珠江逆水而上停靠广州黄埔港，而且绝不允许女眷上岸。

不过为了这个事儿就一定要架起大炮打仗吗？如果是中国人肯定不会，因为中国人都是孔夫子教出来的，讲究的是温良恭俭让，是和平使者，所以中国人也许会上岸去找看码头的美国佬拉拉关系，请他们喝几盅小酒，再不成就偷偷往美国佬的口袋里塞几万两银票。喝了小酒，给了银票要是还不行，那咱们就撤，以后再也不跟你玩了！绝不会打仗。当年郑和下西洋就是真正的和平使者，虽然也打过仗，但都是为了消灭海盗。

可要换上英国人，他们就不一样了，他们肯定是要打架的，为什么呢？因为英国人不是孔夫子教出来的，他们是基督徒，他们讲究的是基督精神和骑士精神，基督精神讲究博爱，骑士精神是要为主献上勇气（To serve the liege lord in valour and faith），要为所有人的幸福而战斗（To fight for the welfare of all，这里指的是信奉上帝的所有人），坚持到底（To persevere to the end in any enterprise begun），绝不回拒挑战（Never to refuse a challenge from an equal）等，这些是啥意思呢？其实就是顺我者昌，逆我者亡。中世纪欧洲的宗教审判所就是干这个活儿的，所有不尊敬上帝的人，无论男女都要锁上铁链子，关进地牢，再不听话就绑在火刑柱上，一把火活活烧死。还有十字军东征，他们为啥千里迢迢跑到耶路撒冷去？就是因为那里有人胆敢对上帝不敬。于是基督精神催生了世界上一个新事物，什么新事物？帝国主义！帝国主义就是要用武力去征服。回过头去看一下历史，如今所谓全球化的世界经济贸易体系，当初就是帝国主义者们用枪炮，以战争的方式推向全世界的，第三世界国家哪儿没留下过帝国主义战靴血淋淋的脚印呢？

提起帝国主义国家，估计有点历史常识的脑子里马上会出现几个国家的名字：葡萄牙、西班牙、荷兰、英国、法国还有美国等，为什么呢？因为那都是响当当的老牌帝国主义。关于帝国主义这个概念，有些书上是这样说的："一国在本国领域之外违反当地人民的意愿而对其实行控制的政策。"① 不过帝国主义不是天上掉下来的，帝国主义除了是基督精神的产物，还有另外一些客观的根源。啥根源呢？

　　西方工业革命以后，在瓦特改造的蒸汽机推动下，以英国为首的西方各国生产力迅猛发展，生产出比以前多了不知多少倍的各种商品。比如英国人最会织毛毯，本来一个手工小作坊一年也就能织几十条或几百条，卖出去以后老板就美滋滋地数钱玩。后来织毛毯的改成了蒸汽机带动的大机器，一夜之间老板的作坊就能织出以前一年才能织完的毛毯。毛毯多了，老板倒不赚钱了，为什么呢？很简单，英国甚至整个欧洲几乎家家都有好几条毛毯，够全家人盖一辈子，毛毯在欧洲卖不出去了。另外，生产发展了，生产所需的材料也必然增加，比如织毛毯的羊毛和开蒸汽机的煤，把英国所有的羊都剃光、煤矿开个底朝天也不够，咋办呢？贸易和科学技术催生了资本主义，资本主义又把贸易和科学技术推向新高潮。欧洲地面上的市场和资源不够，就去世界其他国家去寻找市场和资源，现在说起来就是国际贸易。欧洲人也不都是海盗，开始他们也是老老实实拉着货物到其他国家去卖（比如16～17世纪葡萄牙的商船就开到了中国），然后用卖货换来的银子买回他们需要的资源或其他货物。可那时候中国人根本不懂啥叫国际贸易，对西方人没事老拉着一船一船的东西来卖感到十分不理解，于是加以各种限制和阻拦，现在叫贸易壁垒。再有就是大家的规矩不一样，洋人讲究依法办事，可那时除了西方国家，其他国家基本没有啥像样的、大家都会遵守的法律。比如中国的《大清律》，开卷就是"五刑：苔刑、杖刑、徒刑、流刑、死刑"，其实就是为统治老百姓的，其中没有关于怎么和洋人玩公平竞争的条例，和洋人做买卖出了问题只能等皇帝老子一句话，"钦此"或"拉出去斩立决"。再加上一些贪官污吏把敲诈山西或安徽生意人的方法用在洋人身上，经常拿了人家的银子不干正经事，现在叫不讲信用。由于相互不了解，办事方法又不

---

　　① 中国大百科全书出版社《简明不列颠百科全书》编辑部．1985．简明不列颠百科全书．北京：中国大百科全书出版社．

一样，弄得洋人非常恼火，怎么办呢？被惹火的，又满脑袋基督精神的洋鬼子开着巡洋舰，拉着武装到牙齿的军队来了。

中国人那时对洋人不但充满偏见，还特别不喜欢洋货，觉得你们洋人没事老拉着这么多英国羊毛毯来干啥？我们盖棉被挺好，盖羊毛毯浑身怪痒痒的。再有就是特别不愿意看见蓝眼睛大鼻子的洋人在中国大街上瞎溜达，更不希望洋人在我们的街市上摆摊做生意。就像在《清明上河图》里，河边挂上几块麦当劳、肯德基的洋招牌，那多不像"画"儿啊！洋人赚走了我们的银子不说，还破坏了我们老祖宗的风水！于是就和洋人打起来，结果大片刀却败给了洋枪洋炮。

小孩打架，打输的一方有的也许会说："大哥，饶了我吧，俺服了还不行？"从此成了大哥小跟班；可有的小孩不是，虽然嘴上可能说服了，心里却激起了更大的干劲儿。中国人就是这样！我们再看看100多年以后的今天，和外国人做生意的规模相比较，中国国际贸易的进出口额是全世界其他国家想都不敢想的。中国的远洋船队已经成为全世界最强、最牛的，散装货运船队是全世界最大的，还有一支巨大的集装箱船队。而100多年前中国挨打的时候，却还只会造大木船，那时候的中国人刚刚知道，用铁皮造的船也能漂在水上，不会沉到海底去喂鱼。中华民族是一个有志气的民族，只不过从落后受欺负到走向强盛的过程是极其艰难的。跑题了……

两次鸦片战争和中日甲午战争确实不是中国人得罪了洋人，是他们需要开拓市场、抢夺资源，主动来找我们麻烦。不过1901年签订《辛丑条约》的原因和前面几次却不太一样，庚子年，也就是1900年在中国发生的事情，还真的是因为有些中国人把洋人给惹着了，并且是真的给洋人惹急了。那到底怎么得罪洋人了呢？

得罪洋人的主要原因是宗教。宗教全世界哪儿都有，不过大多数中国人一般不信教，如果信，不是信佛就是当道士。当道士画符、念《道经》，在道观里可能还练练功夫；当和尚就是在小庙里吃斋念佛，讲究的是当一天和尚撞一天钟。到别人家去传教、盖道观、盖小庙好像不是他们最主要的职责。不过西方的基督教不一样，《圣经》上说，要把主的福音传向全世界，于是传教就成了每一个基督徒必须要干的事情，而且一家伙就把主的福音传到了中国。基督教比较正式地传进中国，是1583年（大明朝万历十一年）意大利耶稣会的洋和尚利玛窦从澳门来到广东肇庆开始的。在后来的几十年洋和尚们的辛苦没白费，慢慢地，基督教在中国逐渐散播开来，信上帝的中国人越来越多了，洋和尚们挺得意的。可是到了18世纪，清朝中期，乾隆老爷和老外的所谓"跪拜礼仪之争"僵持不下，结果乾隆老爷一气之下传令——禁教！于是传教士们不敢在中国公开传教了。直到鸦片战争以后中国挨了洋人坚船利炮的打，传教士们才又可以堂而皇之地在中国讲经布道了。

基督教自打来到中国，中国人就不太喜欢，一直都遭到习惯了和尚撞钟、道士画符的中国人的抵制。中国人不喜欢基督教的原因比较复杂，最主要的原因之一恐怕就是因为中国人信的神和基督教完全不一样，中国无论道教和佛教，神都不止一个，而且各路神仙各司其职，大家为了不一样的事情，可以去求管事的神仙，比如想发财可以拜财神爷、生孩子啥的就拜观音娘娘。而基督教只敬一个神，说起来虽然也有耶和华、耶稣还有圣母等，可即使把耶和华、耶稣和圣母也叫做神仙，那和中国人习惯里的神仙概念也完全不一样，他们都不管发财或生孩子这些具体的事儿，而且基督教一来就不让咱们老百姓拜神了！这确实没法接受，于是就抵制，不跟你们玩。

另外，那时的中国人对洋人不太了解，还挺怕洋人，在大街上看见洋人和现在完全不一样。前些年洋人少的时候，见着洋人大家喜欢围着看，跟看耍猴儿的差不多，现在洋人多了，见着可能还会Hello一声，打个招呼。可那时候不一样，乾隆以前，咱们中国是皇帝老子说了算，所以还不太怕洋人，禁教以后有几个不听话、胆敢顶风传教的洋和尚都给拉出去砍了头。鸦片战争以后就不一样了，那就是又恨又怕了。地方上的官员一个个见着洋人就媚颜屈膝、点头哈腰，骨子里其实是想捞点油水。老百姓是心里骂，表面却不敢有所作为。而传教士的作为，有些是由于相互之间的不理解，但有些传教士也的确干了不少坏事，于是仇教心理在中国越来越普遍。

中国人其实是非常懂得忍耐的，如果没有根导火索，就算仇教也不会闹出啥大乱子，可是巧了，此时此刻正好有帮人出现了。这帮人是谁？他们就是义和团。过去我们对义和团的评价，曾经有过几种很不同的说法，20世纪60年代上小学的人可能还有这样的印象，那就是义和团都是反对帝国主义侵略、敢于与帝国主义作斗争的、顶天立地的民族英雄。现在的说法不一样了："义和团，又称义和拳，或贬称为'拳匪'。"那义和团究竟是怎么一帮人呢？

义和团和如今盛行全世界的功夫有关。义和团是由19世纪初山东一带乡下喜欢习武练拳的人演变而来的。习武练拳是中国人的传统，就是现在闻名全世界、好多老外都喜欢玩的"kung fu"。除了功夫高手霍元甲、叶问、李小龙，中国自古以来还有很多关于武林高手的故事，金庸把他们写到了极致。当时山东的乡下就有很多这种喜欢玩拳脚的人，他们经常聚在一起摆开阵势设坛比武，这种风气在山东的农村成了一点气候。不过不知什么原因，习武练拳传播越来越广，慢慢地，比现在跳街舞、练瑜伽的人还多，习武逐渐在中国的北方成了风气，还自发地组成许多组织，取了各式各样的名称，如"顺刀会"、"虎尾鞭"、"八卦教"等，其中有一帮人就叫做"义和拳"。一开始他们也只是练练拳，比比武，这样一帮人还多少可以起到一点保卫乡里、防止小偷流氓捣乱的作用，所以朝廷也没有去制止。到了光绪年间，由于当时中国仇教心理越来越普遍，加上李鸿章临死前臭骂的那个山东巡抚毓贤，这小子不知吃错了什么药，见着洋人就心里冒火，所以对自己管辖地面上出现的义和拳不但不制止，反而鼓励和丛恿他们去杀洋教士，破坏教堂，后来干脆把义和拳招安，纳入了自己的团练。所谓团练就是清朝八旗子弟以外的地方部队，从此"义和拳"成了"义和团"，一帮玩拳脚的功夫小子就这样吃起了军饷，在毓贤大人的指挥下大肆屠杀洋人、教徒，捣毁教堂。后来毓贤被人送了一个血淋淋的绰号——"屠户"。

除了仇教，还有仇洋。所谓仇洋这时已经不光是仇视洋人，找茬和洋人过不去，而是真刀真枪地杀洋人，杀洋和尚。并且不仅仅针对人，还包括洋货和一切与洋人有关的东西，"拳民焚教堂、杀教士教民、拆铁路、毁电线，并未能平息其多年积愤，迁怒所及，痛恨洋物，犯者必无生理。除吸纸烟、戴眼镜、拿洋伞、穿洋袜之类处以极刑外，曾有学生六人，随带铅笔一枝，洋纸一张，皆死非命"①。义和团甚至连抽纸烟、戴眼镜、拿洋伞、穿洋袜子的人都统统杀掉，而且这样的极端行为愈演愈烈。这些现在听起来简直荒唐之极的事情，在当时似乎还很有道理的，因为中国烟民原创的是烟袋锅，万宝路和三五牌都是来自西夷的洋烟儿，凡抽洋烟儿的格杀勿论。

当时紫禁城里最有权力的人不是光绪皇帝，而是慈禧太后。慈禧也和那个山东巡抚毓贤一样，是个极端鄙视洋人、对洋货不屑一顾的人（虽然后来老佛爷也"与时俱进"，让詹天佑给她专门修了一条去清西陵的铁路，还喜欢上本来觉得能把人的魂魄摄走的摄影），对义和团的行为她也是睁一只眼闭一只眼，其实她是想看看，是不是真可以利用义和团的神功，实现自己把洋人赶出中国的愿望。慈禧怎么会这样相信义和团呢？原来她是一个非常迷信的人，她估计没读过严复写的任何一本书，却可能很认真地读过《封神榜》、《三侠五义》之类的神怪小说，所以她宁愿相信义和团声称的腾云驾雾、飞檐走壁、画符念咒、行走如飞、刀枪不入的说法，想借这些具有神功的义和团勇士"会歼逆夷"。

可怜大清国被这么个迂腐的慈禧老太太控制着，她不屑与洋人为伍，看不起来自西洋的科学也就罢了，她竟然对《封神榜》和《三侠五义》里那些武功高强、刀枪不入、近乎神怪的武林高手充满了如此真切的期待。更可怕的是，不但慈禧迂腐，朝廷里许多官员、士大夫也对义和团的神功充满了期待。作为当时士林领袖的大学士徐桐，听到许多义和团的事情以后竟然兴奋地大呼："中国自此强矣！"②

到了1900年年初，义和团的燎原之火几乎燃遍全国，并且进入了北京城里，就在紫禁城外的煤山，也就是现在的景山前面操练拳术。不过当时慈禧对义和团如何厉害的传言多少还有点半信半疑，此时正好义和团就在紫禁城外，于是在1900年6月，老佛爷派刑部尚书兼军

---

① 戴玄之.2010. 义和团研究.北京：北京大学出版社.
② 程国新.2005.庚款留学百年.北京：东方出版社.

机大臣赵舒翘去实地调查。赵舒翘哆里哆嗦地跑到紫禁城外转了一圈，回来以后在老佛爷面前东拉西扯地瞎说了半天。他之所以这样说，其实是因为还没闹清楚，老佛爷到底是想听他说义和团的好话呢，还是坏话。可他的这些胡言乱语却让慈禧觉得，赵舒翘这小子出去一趟，回来就如此语无伦次，肯定是被义和团的神功给吓着了，连堂堂军机大臣都给吓成这个样子，那义和团的功夫肯定是了得啊！这下老佛爷觉得可算找到救星，找到赶走洋人的高手了，她高兴地称义和团为"义民"。6月16日，老佛爷召开御前会议，"太后复高声谕曰：'今日之事，诸大臣均闻之矣，我为江山社稷，不得已而宣战……'"[①] 这个可怜又迂腐的老太太居然仗着义和团的神功，真向洋人宣战了！（遗憾的是，到现在还有人和这位老太太一样相信"神功"！）

　　从 1900 年 6 月开始，得了老佛爷懿旨的义和团彻底疯了，他们举着大刀梭镖在全国上下大肆屠杀洋教士和教徒。在北京，被慈禧授予"奉旨义和神团"大旗的义和团在几个清军将领的率领下，联合荣禄率领的武卫军（武卫军就是守卫京城的精锐部队），把北京东交民巷的外国使馆围了个水泄不通，他们声称要杀死所有驻华公使。其间还真有两个倒霉蛋被义和团给杀了，一个是德国公使克林德（此人据说曾经枪杀过义和团的人），一个是日本使馆书记杉山彬。不过有件事却让人感到非常奇怪，义和团围了使馆区一两个月的时间，使馆里洋人的兵力也就 400 多人、400 多条枪，还有一两门威力极小的炮，义和团和武卫军几千人，围着东交民巷热热闹闹地又开炮又放枪，打了半天，却怎么也攻不下这片弹丸之地。"使馆皆在东交民巷，南迫城墙，北临长安街，武卫军环攻之，竟不能克。或云荣相实左右之，隆隆者皆空炮，且阴致粟米瓜果，为他日议和地也。"[①] 原来这是握有几万武卫军兵权的荣禄在耍花招，他在暗中保护洋人呢！不但炮打的是空炮，还偷偷往使馆区里给洋人送好吃的。荣禄为啥要暗中保护洋人呢？这不就是汉奸吗？荣禄是溥仪的外公，当时是步军统领、总理衙门大臣、兵部尚书、总管内务府大臣，是慈禧的心腹。不过荣禄还是个出身军人世

---

①　戴玄之 . 2010. 义和团研究 . 北京：北京大学出版社 .

家的习武之人，他对义和团的所谓神功根本不相信。开始他极力劝告慈禧不要相信这些神话，可慈禧不听，执意要和外国人作对，然后他又劝慈禧就算杀洋和尚，也不要杀外国使臣，慈禧还是不听。不但不听还命他为统帅去攻打东交民巷。"……以一弱国而抵十数强国，危亡立见；两国相战，不罪使臣，自古皆然，祖宗创业艰难，一旦为邪匪所惑，轻于一掷，可乎？……"①这是荣禄的肺腑之言。这次事件一开始他就料到一定是被洋人剃个秃子，既然结果肯定失败，不如在过程中对洋人暗中保护一下，以便和谈的时候还有点话说。此人后来还真被人贬为汉奸，其实他才是那时候难得的一个明白人儿。

义和团如此屠杀洋人，洋人哪能饶了他们！于是各国组成所谓八国联军3万多人，从天津大沽登陆，一开始义和团还上去拼两下，结果他们所有的神功全是浮云，义和团惨败，吓得四散而逃，真正抵抗的都是清军，清军表现十分英勇，连八国联军都称赞不已。但清军还是挡不住洋枪洋炮的进攻，7月初八国联军攻破天津城，1900年8月14日北京失陷，北京城被八国联军占领，被惹急了的外国大兵在北京城实行了三天的烧杀抢掠。这时候慈禧才明白义和团哪儿来的什么腾云驾雾、刀枪不入的神功！换上丫鬟的衣服，拉着光绪皇帝赶紧跑吧！上次火烧圆明园，咸丰皇帝是逃到了承德，这次慈禧跑得更远，连热河都觉得不保险了，一家伙跑西安去了。慈禧和光绪匆匆逃出紫禁城，迟迟不敢回来，也就是前面李鸿章临死前叹息的"两宫不肯回銮"那件事。慈禧为啥在签订了《辛丑条约》以后还躲着不敢回来呢？原来她觉得自己就是这次事件的罪魁祸首，她知道自己彻底把洋人得罪了，生怕被八国联军拉出午门给枪毙了。

这就是传说中的义和团运动："义和团运动又称'庚子事变'，或者被贬称为'拳乱'、'庚子拳乱'等，是19世纪末中国发生的一场以'扶清灭洋'为口号，针对西方在华人士，包括在华传教士及中国基督徒在内所进行的大规模群众暴力运动。"这场暴力运动共有几百个传教士和几万名中国基督教信徒被杀，还有几十万无辜老百姓在这次运动中丧生。其实这场所谓的义和团运动应该再加上一条：是由思想极其糜烂腐朽的慈禧和腐败阿谀的清政府一手策划，利用义和团而进行的一场针对在华洋人和基督教徒的暴力运动。

义和团运动的结果就是李鸿章签的那个《辛丑条约》，这次那些帝国主义国家没要求中国再开放口岸，而是要赔给他们大家 4 亿多两银子，其实不止这些，连本代利 39 年里一共要赔给洋人将近 10 亿两银子！按照常理，这笔赔款也不是毫无道理，义和团杀了人家的人，破坏了教堂，损害了洋人的利益，理应赔钱给人家，但数量是不是真这么多那就不一定了。但中国人仗打败了，失败者也就只好认胜利者摆布了。

可是惹了如此大祸的义和团哪里来的"功劳"呢？其实不是义和团有什么功劳，而是慈禧利用义和团惹了祸、中国被迫和外国签署《辛丑条约》以后，进而引发了另外一件事情，那就是美国等各个国家退还庚子赔款。这是咋回事呢？

在中国与各国签订《辛丑条约》的第二年，也就是 1902 年，当时的美国国务卿海约翰说了一句话，他说："美国所收庚子赔款原属过多。"[①] 不久他的话在《纽约时报》刊登出来，正好被刚刚赴任的中国驻美国公使梁诚看到了。梁诚简直兴奋极了，因为当时中国正在为给洋人赔这么多钱而着急上火呢（每年赔给各国的款项相当于当时大清朝 GDP 的 20% 以上）。于是在这个当年留美幼童的促使和不断努力下，退还庚款、庚款留学的过程开始了。

不过这个美国国务卿是脑袋进水了，还是哪根筋搭错了，他为什么说这句话呢？就算《辛丑条约》是一个非常不合理的赔款条约，但美国是受益的一方，是收钱的，就像如今某位在麦当劳的巨无霸里吃出一根女士的长头发，于是找茬要麦当劳赔他 1000 万美元。麦当劳答应赔他的时候，他却跟麦当劳说，"本人所收赔款原属过多"，这人是不是有点毛病？据说赔款数量过多这件事首先是美国审计部门发现的，不过事情并没这么简单，美国佬有自己的打算，有他们自己的小算盘。

首先，和当时欧洲各个老牌帝国主义国家相比，美国在中国还没有占多少地盘，他们看到欧洲各国还有日本等为在中国抢地盘都快打

---

① 程国新 . 2005. 庚款留学百年 . 北京：东方出版社 .

起来了，这样下去不但中国乱了，他们连粥都捞不着喝了，于是美国提出一个所谓门户开放的政策，意思是咱们大伙儿在中国利益均沾，别互相乱抢。义和团开始闹事以后，美国佬看到如果中国真的乱了，谁都没好果子吃，于是又提出一条，要保持中国的完整和稳定。有个叫柔克义的汉学家是这个政策的倡导者，海约翰是执行者。所以美国佬高姿态地提出退还赔款，目的是不希望欧洲其他国家抢先把中国瓜分掉，生怕中国被瓜分以后美国就会失去中国这个大市场，分不到羹吃了，美国佬其实还是强盗，是个更有心计的强盗。

还有一个促使美国佬提出退款的原因，而且这个原因不光美国佬，所有洋人都一样，那就是他们特别郁闷地看到，看上去都那么温和、那么善良、那么谦恭，像小绵羊一样的中国人，怎么就这么不待见西方人，就算中国人个个都是绵羊，可一有机会马上就低下头用犄角顶你。比如那个毓贤，他为什么这么痛恨洋人，难道他是个流氓坏蛋？其实他不是，不但不是，他还是清朝政府里一个难得的清官，是个非常廉洁的人，他的痛恨完全来自对西方文化的不了解。还有中国和西方曾经发生过很长一段时间的所谓"跪拜礼仪之争"，啥叫跪拜礼仪之争呢？其实就是中国人和西方人的习惯和观念不一样造成的。当时西方来的使臣，在觐见皇帝时，管礼仪的官儿在他耳朵边说，你可得三拜九叩，西方使臣一听就不干。这就是习惯不一样，三拜九叩对于当时的中国人来说是再正常不过的事情了，皇帝是谁啊？是天子，平常谁能见天子啊？让你觐见天子三拜九叩是理所当然的，必须的。可洋人没这习惯，他们除了在上帝面前会双膝跪下以外，见皇帝最多也是单膝跪地，凭什么见中国皇帝就要三拜九叩？于是"跪拜礼仪之争"闹得大家很不愉快，最后彻底把乾隆老爷给惹急了，一声令下"禁教"，不跟你们玩了！所以中西方文化上的相互不理解，缺乏基本的信任，这些都十分不利于美国与中国的交流。

再有就是宗教信仰，中国人要么就不信教，信教信的都是佛教或道教，进了庙堂或道观，大伙儿为了各自不同的目的，比如做买卖、娶老婆，或得了病、死了人，都可以在庙里找到管各种事情的神仙去拜一拜。可基督教就一个上帝，所以洋人不理解，怎么中国人有这么多的神仙？

　　如果去这样一个互相不理解的国家做买卖，那肯定不靠谱，就算中国满地都是大绵羊，洋人也早晚是给顶死，怎么办呢？要让中国人了解西方的习惯和宗教，就必须让中国人了解西方。了解西方的文化，派遣留学生去西方学习是唯一的途径。所以海约翰、柔克义这些主张退款的人，同时还比较赞成把退款用于中国的教育及派遣留学生。

　　出于上述各种原因，美国政府启动了退还赔款的计划。1905 年，柔克义被任命为美国驻华公使，4 月在他赴任之前，首先找梁诚聊，和梁诚进行会谈，他是主张把钱用在教育和派遣留学生方面的，所以希望到中国以后就能知道中国打算怎么用这笔钱。聊完以后梁诚马上兴奋地把美国退款的意图报告了朝廷，并且建议朝廷把这笔钱用于教育和派遣留学生。

　　所以，梁诚是这次庚子退款中非常重要的一个人。他是广东人，不到 12 岁考取了容闳招收的最后一批留美幼童，1881 年被召回以后进总理衙门当了个章京（总理衙门，全称"总理各国事务衙门"，是清朝封建政府在 1861 年建立的第一个与国际接轨的政府机构，相当于现在的外交部，章京就是小公务员），1902 年被派到美国担任驻美公使直到 1907 年。

　　可是事情并不顺利，柔克义来到中国后不久，力主退款的美国国务卿海约翰突然死了，没了他的推动，退款的事情就搁浅了。让这件事重新燃起希望并最终成功，还要感谢另外一位叫明恩溥的洋和尚。

　　明恩溥是他的中文名字，他的英文名字叫阿瑟·史密斯（Arthur Henderson Smith，1845～1932），阿瑟 1845 年出生在美国康涅狄格州，1872 年和妻子一起受基督教公理会的差遣，作为传教士来到中国，这一来半个多世纪的时间就过去了。他主要传教和生活的地方是天津和山东的农村，明恩溥是个细心人，而且他和现在好多在中国混的老外一样，十分热爱中国。长期在农村生活，让他对中国的传统文化、风俗习惯还有农民的疾苦十分了解，他还兼任当时一份很著名的英文报纸《字林西报》的通信员，为报纸撰写稿子。传了 30 年的教，看了 30 年的中国，1902 年他辞去教职，在北京通州专门从事写作，直到 1926 年返回美国。

这期间他写了大量介绍中国文化、中国风俗的书，比如《中国文明》、《中国人的素质》、《中国乡村生活：社会学的研究》、《中国在动乱中》、《王者基督：中国研究大纲》、《中国的进步》、《今日的中国与美国》、《汉语谚语俗语集》等。明恩溥应该算是当时最了解中国、最明白中国人心里想啥的美国人了，在他最著名的一部著作《中国人的性情》里，阿瑟这样写道："不少接触过中国人的知情人，虽然能说出一些真实的东西，但很少有人能抛却个人感情，如实地叙述，更不用指望他们讲出全部事实。"而他这部书对中国的描写应该说是尽量不带个人感情、最客观、最不偏不倚的总结了，据说刚一出版就被抢购一空。

　　明恩溥除了关心中国人外，他还特关心在中国的老外，主要是他们美国佬在中国人心中的位置。在经历了义和团等事件以后，他深切地感到中西方文化的差异和误解实在太大了，怎么才能改变这种状态呢？除了教育没别的招儿。1906 年他回美国为教会募捐，"得悉美将退还未付之庚子赔款，拟订一项计划，利用庚款，资助中国学生来美留学，又选拔中国有志之士，入在华之美国学校"①。他请自己的一个朋友，*OutLook* 杂志的编辑 C. M. Abbott 博士把自己这个计划介绍给总统罗斯福。那会儿的美国总统也叫罗斯福，和第二次世界大战时的美国总统一个名。在 Abbott 那儿明恩溥聊起对中国的印象，他说："我初到中国时，凡是通商大港，无不飞扬着美国国旗，我们感到无比的光荣，可现在，却变得寥若晨星，几乎看不到美国的身影。"②他觉得要让美国的这份光荣得到恢复，"最好的办法就是退还庚款，让中国逐年派学生来我国留学……这样要不了多久，两国的政治经济就会日益亲密，同受其利"②。Abbott 博士听了明恩溥这些话觉得非常有道理。于是，在他的帮助下，明恩溥如愿见到了罗斯福总统，"向总统面呈其计划，甚得美总统之赞许，允与路提讨论之"②。1908 年 5 月 25 日②，美国国会在总统的大力支持下，通过了关于退还庚款的有关议案，不久国会的决议通过柔克义转达给当时清朝的光绪政府，退还庚子赔款这条大

①　王树槐.1974.庚子赔款.台北："中央研究院"近代史研究所.
②　程国新.2005.庚款留学百年.北京：东方出版社.

船起航了。

所谓退还庚款，其实钱还是从中国人的腰包里掏，只不过把美国佬认为多出来的那部分还给了中国。按照《辛丑条约》的规定，中国应该赔给美国 2 440 778 美元，其中大约一半，也就是 10 785 286 美元退还中国。[①] 为了不让这笔钱被慈禧或贪官污吏们拿去瞎花，"中国政府必须每月按原数向上海花旗银行缴付赔款，再由美国驻上海总领事馆签核，将剩余之款退还上海海关道转交中国外交部"[②]，中国外交部则成立了一个叫做游美学务处的机构执行。这样的管理方式确实起了作用，流着口水的慈禧和各路官僚只能眼巴巴看着，不能拿来瞎花。在退还赔款开始后不久的 1911 年，中国辛亥革命爆发，第二年清政府被推翻，中华民国国民政府建立，不过政府的更迭却一点都没有影响到退款的执行。那时候人家美国佬就明白通过第三方办事比较靠谱。

1909 年，搭载着第一批 47 位庚款留美学生的轮船启程了，这些留学生里面有后来清华大学校长梅贻琦先生、中国现代农学的开山鼻祖金邦正先生、现代物理学奠基人胡刚复先生、现代生物学奠基人秉志先生等大学者。接着一批又一批的庚款留学生走出国门，在庚款留学生的名单中我们可以看到许多中国各项事业的奠基人和开创者。除了留学生，如今大名鼎鼎的清华大学也是由退还的庚款建立起来的。清华大学在后来的中国历史上成为一所非常有名并且培养出大批人才的高等学府。这条航行了一个多世纪的大船，搭载着一批又一批中国留学生，走向了世界，而他们的归来又为中国文明的发展、进步起了巨大的推动作用。

退还庚款促使中国派遣更多的留学生去西方学习西方文化，这对那时的中国是非常必要的。虽然那时中国已经通过各种方式派出了许多留学生，但退还庚款起码为派出留学生又增添了一笔不小的经费。因此可以这样说，义和团运动虽然是因为慈禧老奶奶的腐朽思想而来的，外国人（主要是美国）退款也不见得是啥善举，但客观上却对当

---

① 王树槐.1974.庚子赔款.台北："中央研究院"近代史研究所.
② 杨翠华.1991.中基会对科学的赞助.台北："中央研究院"近代史研究所.

时的中国，甚至后来的中国都起到了很好、很积极的作用。

美国首先要求退还庚款，也是第一个执行退款的国家。在美国开始退还庚款以后，相继又有英国、俄国、日本、法国、比利时、荷兰等国以各种不同形式退还，大部分都用于派遣留学生。德国第一次世界大战成了战败国，大战结束赔款终止，德国佬没有退款。

这次退还赔款对中国的确是一件大好事，而且退还庚款这件事本身，以及由退还庚款带来的影响和故事一直延续到了今天。从第一批庚款留学生离开中国到现在，100多年的时间过去了，利用庚款出国留学的人现在也多已作古，不过据说这个计划直到今天还在执行着，这是咋回事呢？1949年，当时的清华大学校长梅贻琦到台湾以后，建立了台湾"清华大学"。据报道，2011年4月，台湾"清华大学"的现任校长陈力俊说，台湾"清华大学"每年还收到庚子赔款支票。慈禧扇风、义和团惹祸而演出的这场人间悲喜剧，直到今天尚未落幕。

另外，退还庚款不仅仅是钱，并且用这些钱让一大批中国孩子漂洋过海，到美国和其他欧洲国家留学，退还庚款的结果和意义，远远超过了这些钱的价值，意义更深远，这是咋说呢？

1915年在中国兴起了一场对后来的中国意义深远的新文化运动，新文化运动与庚款留学生带来的各种先进思想是分不开的。历史学家认为，新文化运动的发起人和伟大旗手、中国共产党的创始人之一陈独秀，他之所以会高喊"赛先生"和"德先生"的口号，正是与他看到的、1915年1月在上海开始发行的《科学》月刊有关。

《科学》月刊是怎么回事呢？1915年，末代皇帝溥仪刚刚被赶出紫禁城没两年，正是袁世凯建立"中华帝国"，当上"洪宪皇帝"的时候，中国怎么会冒出来一本《科学》月刊呢？这其实就和庚款留学生有关。这本《科学》月刊是中国有史以来第一本纯粹聊科学的杂志，这本《科学》月刊虽然是在上海发行，但编辑部却是在美国的康奈尔大学里，是由几个在康奈尔大学学习的中国庚款留学生创办的。

这件事如果是正统的历史学家，他们估计会这样写，《科学》杂志是由几个在美国的中国留学生，怀着爱国之情，以及科学救国、祖国强盛的伟大理想而创立的。这么写不对吗？这么写很对。但是，这么写会觉得这些人特崇高，特了不起，大家觉得这事儿原来都是怀抱着这么伟大理想的人干出来的，于是乎，这些人一下子就和我们平民百姓的距离拉得远远的。这么伟大，这么崇高，这么了不起的事情肯定不是我们这些平民百姓可以干的。事实是这样吗？这件事确实很伟大，但绝不是只有每天都抱着如此伟大理想的大人物才能干的，干这些的人其实就是普通老百姓。那他们是怎么干的呢？先来看看这几个学生都是谁，他们在美国是学什么的。他们中有一位叫赵元任（1892～1982），当时是数学系的学生；周仁（1892～1973）、杨杏佛（1893～1933）是机械系的学生（杨杏佛后来上了哈佛工商管理学院（简称哈佛商学院））；胡刚复（1892～1966），物理系的；农学院的学生秉志（1886～1965）、过探先（1886～1029）和金邦正（1886～1964）；还有化学系的章元善（1892～1987）、任鸿隽（1886～1961）。一共九个毛头小子。几个在外国留学念书的小伙子，下课以后肯定喜欢聚在一起侃大山，除了侃想家，侃得一把鼻涕一把泪以外，再有就是侃侃自己这些天都学了啥。这几个小子都是学自然科学的，也就是现在说的理工科学生，而且他们也都很明白那时候自己的祖国科学还非常落后，学成之后报效祖国那是必须的，没人想留在美国混，事实证明他们一个都没留在美国。可这会儿离毕业还早，是不是现在就能为家乡父老做点啥事情呢？于是想家的话题逐渐淡去，为家乡父老做点啥事情的话题成了最主要的。他们想，现在大家人都在千万里外的美国，具体的事情肯定干不了，不过大家已经在这里学习了不少科学知识，写几篇文章聊聊科学，给家乡父老普及一下科学不是很好嘛？于是《科学》月刊就在他们几个中间萌芽了。1974年，罗斯玛丽·列文森在对赵元任先生的采访记里这样写道："列文森：你们创办杂志的目的是什么？赵元任：总的来说，学社的目的是鼓励和传播科学，而不是进行原创性研究……列文森：杂志社付得起作者的稿费吗？赵元任：我想杂志从来没有付过作者稿费。"[1] 这就是《科学》月刊，就是陈独秀看到并从中了解到世界上还有一个"赛先生"和一个"德先生"的杂志。

---

[1]　罗斯玛丽·列文森．2010．赵元任传．焦立为译．石家庄：河北教育出版社．

不过这事儿还没完，这几个学生，这个《科学》月刊同时还是中国第一个科学组织——"中国科学社"的诞生地。这是怎么回事呢？因为办杂志得有钱，就算不给作者稿费，印刷厂的老板不给钱他就不给排版印刷，咋办呢？大家开始商量，要想长期办下去最好的办法就是把这件事当做生意来做，做成一个股份公司。这估计是后来去了哈佛商学院的，中国第一个 MBA 杨杏佛出的高招。主意一出大家一致同意。经过小哥儿几个的商议，1914 年 6 月 29 日由任鸿隽起草，他们九个人签名的《科学月刊缘起》和《科学社招股章程》在美国的康奈尔大学出炉了，章程明确确定科学社以"提倡科学，鼓吹实业，审定名词，传播知识"为宗旨。招股章程拟定：资本金 400 美元，发行股份 40 份，每份美金 10 元，由发起人认购 20 份，余下 20 份发售，到 1915 年 10 月止，共有 77 人成为股东，募集股金 847 美元，比预计多出两倍多。杂志虽然在美国编辑，但目的是在中国传播科学，所以发行是在国内。1915 年，中国人的第一个科学组织"中国科学社"在美国诞生，中国人创办的第一份科学杂志在上海发行。退还庚款造就了这几个学生，而这几个学生造就了《科学》月刊和"中国科学社"。从此现代科学，也就是陈独秀所说的"赛先生"正式在中国登陆，并对后来中国兴起的新文化运动，现代科学在中国的兴起，中国大踏步地进入新时代，产生了强有力的推动作用。

　　而此时在同一条历史之路上，另一场风雨交加、硝烟弥漫的大戏也在上演着。1915 年 12 月 12 日袁世凯称帝，接着各地讨袁声四起。1916 年 6 月，只做了不到半年洪宪皇帝的袁世凯在郁闷中死去，军阀混战开始了，从此战争的阴云一直飘荡在华夏大地之上。1926 年 3 月 12 日孙中山先生逝世。1926 年为完成国父的遗愿，北伐战争爆发。几年后的 1931 年日本侵占东北。1937 年 7 月 7 日，抗日战争全面爆发……

　　不过，无论华夏大地上多么风云变幻，科学之火却再也没有熄灭。在硝烟中，前辈们用他们的生命和心血继续书写着中国科学的历史，科学如同一轮冉冉升起的朝阳，渐渐普照华夏大地。

第三章　共和了再也不裹小脚了

　　辛亥革命一声枪响把宣统皇帝溥仪从金銮殿的龙椅上给赶跑了，中国从此再没皇帝了。枪杆子里可以出政权，可古老的中华文明真要和世界接轨，靠枪杆子可弄不出来。中国走进现代文明的前奏曲在辛亥革命以前就开始了，这些玩现代文明的人里有革命家，更多的人却不是，他们是谁？他们是一些温文尔雅的书生，这些书生讲的故事比辛亥革命的枪声更振聋发聩，他们的故事让中国彻底改变了模样，而且他们讲的故事直到今天也没有结束。

19 世纪末，严复趴在桌子上，绞尽脑汁，他写道："察变，第一，赫胥黎独处一室之中。在英伦之南。背山而面野。槛外诸境。历历如几下。乃悬想二千年前。当罗马大将恺撒未到时。此间有何景物。计唯有天造草昧。人功未施……"①严复可能没想到，他正趴在桌子上用那优美的、带着浓浓桐城味道的古文翻译《天演论》的时候，这条在历史长河里已经飘摇了几千年的封建大破船正在下沉，一场深刻的变革正在悄悄兴起，新的文明之光正在渐渐照亮华夏大地。

西方人的哲学和科学思想开始没几个人想去弄明白，更没有几个人像严复那样去潜心研究，趴在桌子上费老大劲儿给翻译出来。因为那时候大家都觉得，我们已经有洋务运动，也造了无数的枪炮和坚船利舰，只要造得够多，山寨得够棒，洋人就不敢欺负咱了。可是，1894 年，拿着洋枪洋炮、开着坚船利舰的中国军队惨败在小日本的手下，连小鬼子都敢来欺负咱中国——这个曾经是他们老祖宗的主子！在受到极大屈辱的时候，有人开始扪心自问了：西边来的洋人欺负我们，那是因为洋人有比我们更厉害的奇技淫巧，我们即使有了，也是山寨货，所以服输；可那东边小鬼子拿的洋枪洋炮，不也是和我们一样在学人家，山寨人家西洋人的奇技淫巧吗？而且学得、山寨得还不如我们，我们怎么就输了，而且输得那么惨呢？差哪儿呢？

这时候严复小朋友说的话，还有他翻译的那几本洋书开始起作用了。1898 年年初翻译完成的《天演论》，康有为、梁启超等人看过以后对严复大加赞赏，梁启超在给严复的一封信中这样说："先生所谓'一思变甲，即须变乙，至欲变乙，又须变丙'数语尽之，启超于此义，亦颇深知。"②梁启超说：严复说了，中国要变，只是变了武器，把洋枪洋炮拿来、山寨来还不行，必须变乙，变丙！那啥是乙和丙呢？

"孔子卒后二千三百七十六年，康有为读其遗言，渊渊然思，凄凄然悲，曰：嗟夫！使我不得见太平之治，被大同之乐者，何哉？使我中国二千年，方万里之地，四万万神明之裔，不得见天平之治，被大

---

① 托马斯·亨利·赫胥黎.1965.天演论.严复译.台北：台湾"商务印书馆".
② 严复.2007.天演论（梁启超致严复书）.北京：人民日报出版社.

同之乐者，何哉？使大地不早见太平之治，逢大同之乐者，何哉？"①
这是康有为在他著名的《孔子改制考》的序言里写的，他感叹中国
2000年来就没真的太平过，这都是为啥呢？他觉得是因为中国没有
"降精而救民患"的伟大神明、伟大圣主，所以他要变法，怎么个变法
儿？在中国建立以孔子为圣主的宗教——儒教。1898年6月，康有为
和他的一帮弟兄，在光绪皇帝的怂恿下真的变法了，这就是著名的戊
戌变法。可变法只持续了100天就被那个封建老太太慈禧太后残忍地
镇压了，六君子在北京菜市口被斩首，变法没变成。

　　不过，戊戌变法虽然栽了，变化却还是悄悄地来了。1901年庚子
国变以后，慈禧老奶奶不知从哪儿冒出来一阵慈悲爱民之心（估计是
因为庚子国变她惹了大祸拉家带口逃到西安，可从西安回来以后，八
国联军没把她拉出去给毙了吧），降懿旨，允许满汉通婚，"所有满汉
官民人等，著准其彼此结婚，毋庸拘泥"，同时劝诫缠足，"汉人妇女，
率多缠足，由来已久，有伤造物之和。嗣后晋绅之家，务当婉切劝导，
使之家喻户晓，以期渐除积习"。接着在1905年，清廷奉上谕，"自丙
午科为始，所有乡会试一律停止，各省岁、科考试，亦即停止"，中国
从隋代初始，延续了1500年的科举制也给废除了，文化人们的瓜皮帽
儿和长袍马褂也逐渐消失在礼帽和洋装的海洋里。

　　满族爷们儿为啥不能娶汉族媳妇呢？这其实不是因为满族人看不
起汉族人，大清朝刚一入关，顺治爷就把汉族的大圣人孔夫子尊为
"大成至圣文宣先师"。那为什么不能娶汉族媳妇呢？是因为歧视妇女？
满族以前是游牧民族，他们不像汉族那么瞧不起女人。不许通婚的原
因估计是他们觉得，入关以后我们满族人是主子了，主子是正统，你
们汉人都是下等民族，娶个二等民族的汉族丫头当媳妇太没面子，所
以汉族丫头再漂亮，也没人娶了，但这只是一种习俗，清朝的法典里
并没有这么一条，可这样的习俗一下子就实行了200多年。

　　裹小脚却是汉族人自己很有历史的一种习惯，到底起源于何时，
众说纷纭。当初也许是因为有人看着隔壁家长着一双小脚丫子的小媳

---

　　① 康有为.2011.孔子改制考.台北：台湾"商务印书馆".

妇特别好看，长着一双大脚片子的邻居大姑娘不干落伍，于是拿着一根长长的绫罗绸缎使劲儿地裹自己的大脚丫子，所谓女为悦己者容，结果裹小脚成了风气。苏东坡曾有词聊小脚："涂香莫惜莲承步，长愁罗袜凌波去；只见舞回风，都无行处踪。偷立宫样稳，并立双趺困；纤妙说应难，须从掌上看。"苏东坡是北宋的文化人儿，到1905年快2000年了。实行了200多年的满汉不通婚和折磨了女人几千年裹小脚的习俗，没想到让慈禧老太太一句话都给废了。

科举制本身却并不完全是一件坏事，科举制尊重知识，是以知识为评判标准的一种干部选拔制度，是为各朝各代官府衙门储备人才的，而且科举制也让中国几千年来的文化传统得以沿袭传承。只不过1000多年来，被越来越脱离实际的八股给闹得读书人都成了四体不勤、五谷不分、只会读书的书呆子，培养出来的并非真正人才，所以废除科举制应该是对八股的彻底否定。

上面这些变化，应该就是严复所说的变乙吧？不过这些变化还是形式上的、表面的。

除了这些表面上的变化，当时的清朝朝廷也已经有点想玩君主立宪的意思，1906年提出预备立宪，1908年颁布了一部《钦定宪法大章》，这部《钦定宪法大章》是参照《日本帝国宪法》而定的（《日本帝国宪法》是明治维新的产物）。1911年5月公布了一份由九个人组成的内阁名单，其中满族人五人，汉族人四人，11月又颁布一个所谓"十九信条"，其中第三项"皇帝权以宪法规定为限"，第八项"总理大臣由国会公选，皇帝任命。其他国务大臣，由总理推举，皇帝任命。皇族不得为总理及其他国务大臣，并各省行政官"，看上去和日本明治维新以后一样，国家以宪法为最高准则，皇帝的权力受到限制。

不过已经燃起的"驱除鞑虏"的革命运动如燎原烈火，革命党人根本不搭理这一套。1905年，孙中山、黄兴在日本成立了同盟会，他们高喊"驱逐鞑虏，恢复中华，建立民国，平均地权"的口号，意图是推翻清朝的满族皇帝，建立起一个西方式的资产阶级共和国，要枪杆子里出政权。自同盟会成立一直到1911年黄花岗起义，革命党人举行了多次武装起义，虽然都被朝廷的辫子军镇压，燃起的烈火却再也

不会熄灭，而且越烧越旺，直到 1911 年 10 月 10 日，武昌起义一举成功。革命成功的第一件事就是剪辫子。

当时，中国人这种怪诞的习惯——男人后脑勺上留根大辫子，似乎和孔孟的礼仪之道没啥关系，可能是满族人自创的一种习惯，清朝建立以后，他们把这种习惯带来了。既然天下是老子的了，那全天下都应该按老子的习惯，于是留辫子的规定开始实行。这种被洋人拿来嘲笑中国的习惯，在辛亥革命以后作废了。

接着各省宣布独立，支持革命党，然后各种事情接踵而来。经过交手和讨价还价，1912 年 1 月 1 日，中华民国在南京宣告成立，孙中山宣誓就任大总统。2 月 12 日，末代皇帝溥仪接受革命党的"清室优待条件"宣告退位，授命袁世凯全权组成临时政府。据说这个授权是袁世凯的人偷偷加在《清帝退位诏书》里的。孙中山明知其中另有玄机，但为顾全大局，1912 年 2 月 13 日辞去总统职位，15 日袁世凯就任临时大总统。无论如何，辛亥革命把清朝皇帝给赶出了中国的历史舞台。不过事情并没有结束，三年以后的 1915 年 12 月 12 日，满脑袋还是皇帝梦的袁世凯宣布接受帝位，推翻共和，又有皇帝了！袁世凯名义上要搞英国式的君主立宪制，他哪里来的如此思维？其实根本不是，这小子就是想当皇帝，玩独裁，他给自己起了个名字洪宪皇帝！不过这只是一场闹剧，过了 83 天，众叛亲离的袁世凯被迫宣布取消帝制，过了没几天他也死翘翘了。袁世凯死了，天下更不太平了，一场延续了 20 多年的军阀混战开始了，民国大总统像走马灯似地换来换去。从武汉打响第一枪到后来的几十年，中国纷乱的时代开始了，那些年发生的事情多得数不清。这些事情史书里都有记载，可在纷乱和战火背后发生的另外一些事情，历史书上却没怎么说，那是些什么事情呢？

《剑桥中华民国史》里，费正清在评价当时的留日学生时这样说："留日学生所作的政治贡献在 1911 年的革命史中极为突出，但他们在学术上的贡献却普遍受到忽视。"[1] 费正清说这些话是啥意思呢？他觉

① 费正清，费维恺．1994．剑桥中国民国史．下卷．北京：北京社会科学出版社．

得对辛亥革命前后的这段历史，一般被我们记住的、写在历史书里的都是革命的内容、革命的历史，记住的人也都是革命家。可是中国要走进现代、融入世界的现代文明、走进科学，老百姓的思维观念如果没有变化，是不可能的。所谓思维观念的变化，就是费正清那段话里"他们在学术上的贡献"。其实，中国从那一刻起不但政权变了、科举废了、辫子剪了、小脚不再裹了，更重要的是老百姓的思维和观念也开始变了，也就是严复说的："一思变甲，即须变乙，至欲变乙，又须变丙。"而且这些变革对于当时的老百姓来说是颠覆式的、前无古人的。而带给中国这些变化的人及他们干的那些事情，就是费正清说的"普遍受到忽视"的，历史书里也没怎么说的那点事儿。

从满汉得以通婚、解放小脚、废除科举到辛亥革命剪掉大辫子，这些变化标志着中国开始走向变革之路。如果没有这些变革，如今中国的男人恐怕脑袋后面还拖着一条三斤多重的大辫子，嘴里嘟囔着"之、乎、者、也"，在外面见了熟人双手作揖、点头哈腰。家里的小保姆管你叫主子，小孩子在私塾里念书，每天不挨教书先生几下手板不算完。官老爷们泡几个小三儿、小四儿也是天经地义的事情，根本不会被人在"围脖"上铺天盖地地指责、玩人肉搜索。女士就更有点惨了，脚丫子裹得像半根胡萝卜，满头大汗做了一桌香喷喷的大餐，却只能先站在一边眼巴巴地看着男人们吃完自己才敢上桌，出门见了熟人要半蹲半跪做万福状，给各位请安。这还不是最惨的，美国传教士明恩溥在他的《中国人的性情》里这样写："做丈夫的还可以以妻子对公婆的'不孝'为借口，来严重伤害甚至杀死妻子，却不会受到任何惩罚……几年前的北京《邸报》披露，河南总督奏折里讲了这样一种社会情况：父母杀死自己孩子是不需要负法律责任的，而如果是婆婆杀死媳妇，只要交一笔罚金就不需要负法律责任了。"这本书出版于1894年，离辛亥革命发生还差15年。中国的这种愚昧野蛮的习俗若至今不改，现在中国的姑娘们还有可能在世界500强的大公司混吗？那是绝对没可能的。

不过这些还是表面的，还不是我们今天享受现代生活的根本原因，那什么才是根本原因呢？

中华民国建立不久，一场对中国影响更大、意义更深远的事情发生了，那就是1915年由陈独秀、梁启超、胡适和李大钊等众多受过西方式教育、已经具有新思维的人士掀起的高举"民主"、"科学"大旗，高喊"打倒孔家店"的口号的新文化运动。辛亥革命的英雄们是拿着真枪真炮和清朝的辫子兵玩命，不惜流血牺牲也要把清朝统治者赶出历史舞台，打造出一个共和的世界。而新文化运动是文化人玩儿的，他们都是温文尔雅的书生、谦谦君子，不过这几个书生和当时其他的书生有点不一样，那就是他们除了读过中国传统的诗书，还多少都喝过一点洋墨水。他们没有枪，更不用炮，但是他们的目的和玩枪炮的英雄们是一样的，那就是热爱中华、欲中华富强、让文明之光照耀中华。这些温文尔雅的书生玩出来的新文化运动，不是短暂的、急风暴雨式的，而是长久的、潜移默化的，甚至直到今天，带给我们的思考仍然没有停止。

现在"新文化运动"这个词儿，很多人都比较生疏，甚至根本不知道了，出租车司机可能会跟你聊"文化大革命"，但是绝不会聊新文化运动。无论出租司机还是中国任何一个普通老百姓，却都是这场新文化运动最直接的受益者。新文化运动对我们真有这么重要、这么伟大吗？那到底啥是新文化运动呢？

新文化运动是一场巨大的变革，给中国人带来的影响，与前面说的变化，也就是由慈禧老奶奶以她母仪天下的浩大恩泽、发布懿旨而改变的事情，还有辛亥革命以急风暴雨的方式革掉大辫子不一样，新文化运动是一场由文化人玩儿出来的静悄悄的变革，这些变革让中国人从封建专制文化的禁锢中走出来，逐渐地让中国人的思维和观念发生脱胎换骨的变化，就像房龙形容的欧洲文艺复兴，"文艺复兴并不是一次政治或宗教的运动。归根结底，它是一种心灵的状态……不过，他们看待生活的态度彻底转变了。"①

1915年，新文化运动的伟大旗手陈独秀在《新青年》杂志创刊号上提出了"民主"和"科学"两个概念，并以"民主"和"科学"为

———————————
①　房龙 . 2002. 人类的故事 . 刘海译 . 西安：陕西师范大学出版社 .

口号举起了新文化运动的大旗。可"民主"和"科学"这两个词儿是陈独秀发明的吗？好像不是。考据一下也许很有趣。先说"民主"，中国话里其实老早也有"民主"这个词儿，《尚书》里就有："天唯时求民主……"这个"民主"的意思是老百姓的主子，也就是"民之主"的意思，具体指的是商朝开国皇帝成汤，不过这和陈独秀说的"民主"不是一回事。还有个人提过"民主"，他是谁？他就是严复同学。1903年，严复完成了英国哲学家约翰·穆勒的 *On Liberty*（"论自由"），这本书严复翻译成《群己权界论》，在这本书里他把 democracy 这个英文单词翻译为"民主"，这个"民主"就和陈独秀提出的是一样的了。"科学"这个词儿就肯定不是陈独秀发明的了，科学来自英文 science，中国一直都没发明出"科学"这个词儿，《说文解字》和《康熙字典》里和科学有关词儿的应该是"格物"或"格致"，日本在明治维新以后，把来自西方的 science 翻译为中国字的"科学"二字，所以这个词儿应该是陈独秀直接从日文挪过来的。

陈独秀提出的"民主"和"科学"不仅仅是两个干巴巴的概念，这两面大旗在后来的新文化运动中，让中国人的思维和观念发生了彻底的变化，从此中国人从君主专制和天人合一的古老观念中走出来。"民主"赋予了中国人思想和行动的自由和权力，人民不再是君主的奴隶；而"科学"则让中国人在大自然面前睁开了眼睛，摆脱了狭隘的观念，开始了对大自然真正的探索。这才是新文化运动带给中国最根本的变化，是今天中国玩 iPad 的人比美国还多的真正原因。

除了陈独秀，在这场变革中值得我们纪念的人还有很多，其中梁思成的老父亲、林徽因的老公公梁启超——梁任公先生（1873～1929）应该是比较有代表性的。他就是中国这场颠覆式的大变革中冒出来的一个温文尔雅的伟大文化人儿，盖世大玩家，中国现代文明的启蒙者。

梁启超不是清朝的秀才和举人，戊戌变法和新文化运动的倡导者之一吗？怎么也成一个玩家了呢？梁启超确实是清朝末期一个非常优秀的秀才和举人，不过不仅如此，他还是带领我们走向现代，让中国人可以和现代文明，和 iPad、iPhone 一起玩的人之一。

梁启超出生在广东新会（新会现在是广东江门市的一个区）一个

不很富裕的种田人家里，据说自小聪明绝顶，5岁就会读四书五经，9岁就可以写上千字的文章，12岁以第一名考上秀才，够牛的吧？那时候考秀才叫"童生试"，这个考试没有年龄限制，很多人考了大半辈子、胡子一大把了才考上一个秀才，小梁启超不是个等闲之辈。有这样一个故事，话说梁启超小时候，家里来了位客人，客人见他很灵巧的样子，于是想难为一下这个小梁小朋友，他提笔在纸上写了一个龙字，此人书法了得，这个龙字他是用狂草写的。梁启超正在喝水，看了一眼没吭气，为啥呢？其实是没认出来。那人知道梁启超没看明白，于是得意地大笑一声，说："饮茶龙上水。"小梁启超一听马上明白了，但是他很鄙视这个人用狂草来难为自己，于是用袖子抹了一下嘴角上的水，接着那人的话茬说："写字狗爬田。"爸爸听了很生气，心想你怎么能这样对待客人，把客人说成是狗狗，差点把梁启超揍一顿，可是这个客人没有生气，不但没生气，他对小梁启超的机智简直佩服极了。从这个故事足以看出，梁启超从小就是一个充满灵气，却又反叛精神十足的大玩家。

这个没看懂狂草的梁启超17岁来到省城参加乡试，考中举人。当时在广东当乡试主考官的是翰林院的李瑞棻。李瑞棻是个维新派人物，在戊戌变法失败后被革职。乡试开始以后，李瑞棻背着手，在满头大汗的莘莘学子中间溜达，一眼就看中了这个鬼灵精的梁启超。俗话说得好，书中自有黄金屋，书中自有颜如玉，梁启超不但考上了举人，主考官还把自己的堂妹许配给了这位少年神童，这位日后的梁夫人就是我国著名建筑学家梁思成教授的妈妈、林徽因的婆婆——李蕙仙李夫人。

不过直到此时梁启超读的还是四书五经一类中国传统的经典，和其他读书人一样，对当时外面的世界基本一无所知。18岁那年梁启超进京参加会试，可是没考上。从京城返回广东要经过上海，那时的上海已经是开放城市，那块臭名昭著的"华人与狗不许入内"的牌子已经立在黄浦公园门口了。梁启超在上海第一次看见洋人，他就琢磨，洋人为啥这么看不起中国人呢？在上海闲逛的时候，看见书摊上有一本《瀛环志略》。《瀛环志略》是清代徐继畲先生编纂的，和魏源的

《海国图志》一样都是关于世界地理的书。这本书不但有地理方面的知识，还介绍了基督教、民主制度、英国的议会及西方的风土人情等。这本书让梁启超知道，天圆地方的大中华以外，还有几大洲几大洋，原来这些洋人都来自欧洲，洋人玩的是基督教、民主还有议会。世界原来如此之大，如此之神奇！这本《瀛环志略》一下子让梁启超小朋友大开眼界，就像玩惯挖地雷游戏的，突然间发现还有个更好玩的愤怒的小鸟儿，梁启超顿时对这个新鲜而又广阔的世界充满了好奇。

这一年的8月，梁启超来到广州，在万木草堂拜南海康有为为师，从此走上了"以孔学、佛学、宋明学为体，以史学、西学为用"①的研治新学之路，强国之梦也成为他终身的理想。

梁启超和严复不太一样，梁启超虽然也是个读书人，但是他血性十足，是个愤青。开始他是个积极参与各种政治活动的行动家，他和自己的恩师康有为一起"公车上书"，协助创办"强学会"，与黄遵宪共同创办《时务报》，撰写文章大力推动维新主张，积极投身于维新运动之中。1898年9月21日变法失败，和所有维新派一样，梁启超成了通缉犯，幸好有日本驻华公使相救，10月逃到日本，后来梁先生又游历了加拿大、美国等国。在日本期间创办过《清议报》、《新民丛报》，著书立书，并提出君主立宪的主张，流亡期间他试图组织国内的起义，但都以失败告终，反思之后他又与孙中山等暴力革命的观点展开论战。直到1912年辛亥革命，将近40岁的梁启超总算结束了动荡和流亡生活，踏踏实实回到祖国。

梁启超一生的经历可谓跌宕起伏，荤的素的他都玩过。开始和康有为是哥们儿，后来又和康老分道扬镳；他和孙中山合作过，也对立过，因为他后来不赞成暴力革命；他曾经支持过大总统袁世凯，袁世凯想当皇帝他又参加了倒袁运动。荤的玩过以后，1919年，梁启超以巴黎和会的会外顾问和记者的名义去巴黎，参加巴黎和会回来以后，宣布退出政治，当纯粹的文化人儿，玩素的去了。梁老先生回顾自己几十年的经历，这样说："这绝不是什么意气用事，或争夺权力

---

① 夏晓红.2006.阅读梁启超.北京：生活·读书·新知·三联书店.

的问题，而是我的中心思想和一贯主张决定的。我的中心思想是什么呢？就是爱国。我的一贯主张是什么呢？就是救国……我梁启超就是这样一个人。"

在中国从专制、不开放的文化走向新文明的过程中，梁启超和严复一样都是我们走向新时代的启蒙者和带路人。不过他和严复又有所不同，严复毕竟不是一个苦读诗书的中国式儒生，虽然从塾师那里学过不到两年的宋学、考据，可时间太短，在英国他又读了大量洋人写的哲学和科学书籍，从中他看到了中国和西方的差距。严复觉得华夏要强大起来，只有虚心地学习人家，所以他主张旧的干脆抛弃掉，全盘西化。梁启超在认识和了解西方以前就已经是个国学基础深厚的举人，所以他和康有为一样不太主张一股脑儿地全盘西化，但是他不是不了解西方人，比如对欧洲人理性思维中最重要的方法逻辑学，他在一篇序言里这样说："虽然，《名学》不过弥士（指约翰·穆勒——笔者注）学之一指趾耳。且其理邃赜，专为治哲理者语思索之法，畀判断之力，虽复博深切明，然欲使一般国民读之而深有所感焉，非可望也。"[①] 他说约翰·穆勒的《逻辑学体系》一书，虽然是他学问中很小一部分，可就这点学问，意义却非常深远，是为所有研究哲理的人讲思索的方法，从中可以学会如何判断，这么深奥的道理讲得却十分明了。如果一般老百姓都能读，并从中有所感受，意义将是巨大的。梁启超写这篇文章的时候（这篇文章是 1903 年写的），中国大多数学者，即使是学富五车的大儒，对逻辑学仍然几乎一无所知，而严复翻译的这本《名学》，也就是 19 世纪英国哲学家约翰·穆勒的《逻辑学体系》，是中国自古以来第一本介绍西方逻辑学的书。可见梁启超对逻辑学及逻辑学有啥用处已经非常了解，而且他主张在中国，就是小老百姓也最好去读一下，因为他很清楚，逻辑学是中国古老哲学中，也是那时中国人思维中缺乏的。

梁启超学贯中西，是清华国学门鼎鼎大名的四大导师之一，因此梁启超对国学是有非常深厚的感情的，比如他对孟子的一句话大加赞

---

① 梁启超 . 2005. 饮冰室合集 . 夏晓红辑 . 北京：北京大学出版社 .

赏:"孟子说的:'古之人所以大过人者无他焉,善推其所为而已矣。'这善推两个字,便是我们参天盖地的一种良能。我们靠着这种良能,祖父子孙一代一代地扩充光大起来,便可把世界庄严得光华灿烂。"①不过对国学中的糟粕,梁启超也是坚决批判的,比如在一篇谈到自由意志的文章中,他说:"……我们中国诸家圣哲的学说,大半带这种臭味。如孔孟一派所讲天命说,说人受性受命于天,万事都由天主宰,所谓'天地为罏,造化为工,阴阳为炭,万物为铜'。就这样看来,岂不是我们一言一动,乃至起一念头,都是造物小儿陶甄之中;我们不过像登场傀儡,别有一个人在暗里牵线,我随他摆布转动罢了。"①中国的读书人读了2000多年的孔子、孟子,为啥就读不出梁老这点儿想法呢?这就是因为梁老从来自西方的学问里学到了科学方法,梁老用科学的思维方式去读古代圣贤,肯定就会读出新的精彩。在另外一篇文章里,可以看到梁老是怎么用科学思维来对待中国历史的,这些也是2000多年来其他读书人做梦也想不到的:"我国文明所以普及,则周之封建制最有力焉。周制所以异于前代者,前代帝王之有天下也,伐人国而服之……周则不然。周之兴虽非能取旧有之部而悉灭之……其种类虽不同,其同为我族,同抱持我族之文明,则一也。"①

　　大家可能会问,梁启超确实很牛,学贯中西,可这么牛一人对中国走进新文明究竟有啥具体的贡献呢?应该说梁启超的《少年中国说》充分地表达了这个生活在清朝末期到民国初期、满怀理想的中国学者对中国少年的期待和祈望:"造成今日之老大中国者,则中国老朽之冤业也。制出将来之少年中国者,则中国少年之责任也……故今日之责任,不在他人,而全在我少年。少年智则国智,少年富则国富,少年强则国强……少年胜于欧洲,则国胜于欧洲,少年雄于地球,则国雄于地球……美哉我中国少年,与天不老!壮哉我中国少年,与国无疆!"

　　有人可能会说,这些感情用事的豪言壮语谁不会说,谁不会喊?确实很多人都会喊,不过看看梁任公梁老先生的几个子女就知道他究

---

① 梁启超.2005.饮冰室合集.夏晓红辑.北京:北京大学出版社.

竟是不是在说大话，在吹大牛了：长女思顺，诗词学者；长子思成，建筑学家；二儿思永，考古学家；三儿思忠，国民党十九陆军炮兵上校，1932年英年早逝；二女思庄，图书馆学家；四儿思达，经济学家；三女思懿，社会活动家；四女思宁，共产党高级干部；五儿思礼，火箭专家。从这几个儿女应该可以看出，梁老先生不光是个会喊口号的，他还是个身体力行去实现自己口号的人。

有个关于著名建筑学家梁思成的故事，"1925年，正在美国宾夕法尼亚大学建筑系读书的梁思成，收到父亲梁启超寄来的经朱启钤整理重新出版的北宋将作少监李诫编修的《营造法式》"，梁启超在扉页上写着，"一千年前有此杰作可为吾族文化之光宠也已，朱桂辛校印甫竣曾我此本，遂寄思成、徽因俾永宝之"①。父亲希望梁思成能把这本书读懂。现在很多玩建筑的提起这本《营造法式》，会对其中提到的宋代建筑方式侃侃而谈，可是如果梁思成没有在20世纪30年代跑遍了中国大地（最主要是山西），根据宋代建筑的遗存，彻底把这本书读懂，估计到现在也没人能看明白这本书写的是啥，为什么呢？因为其中的术语和内容已经完全不是千年以后的人能看懂的了，现在我们可以读懂，全仗着梁思成和林徽因捧着这本读不懂的《营造法式》跑遍各地，对照着古代建筑把看不懂的术语一个个给翻译过来的。

一、今日之文言乃是一种半死的文字。

二、今日之白话是一种活的语言。

…………

五、凡文言文之所长，白话皆有之。而白话之所长，则文言文未必能及之。

六、白话并非文言文之退化，乃文言文之进化……②

这些话现在听起来有点怪怪的，这日子还有谁会把文言文和白话文作这么费劲的比较？咬文嚼字地说文言文已经是过去的事情了，文言文就像恐龙时代的玩意儿，写"围脖"谁要是用文言文，肯定瞬间

① 王军.2003.城记.北京：生活·读书·新知·三联书店.
② 胡适.2005.胡适口述自传.唐德刚译注.桂林：广西师范大学出版社.

就被拍死。这些年高考的语文考试，有人用文言文写作文，弄得大家都惊讶得不得了。不过，就在大约 100 年前的 20 世纪初期，中国还真为到底是用文言文还是白话文大大地争论过一番，说前面这些话的人，就是极力推动白话文的大师——胡适先生（1891～1962）。推行白话文也是新文化运动中一个非常重要的部分，胡适就是推行白话文的元帅级干将，上面那几条胡适写在 1916 年 7 月 6 日的日记里。

这位胡适先生是个很有趣的人，他其实就是个老实巴交、连姐都不大敢泡的文化人儿，可是在 20 世纪 50 年代，他却被当成唯心主义的资产阶级反动文人遭到了严厉的批判，那胡适到底是个啥人物呢？胡适的一生故事很多，由于小时候的一些故事对他后来影响比较大，所以多啰唆一下。

胡适，安徽绩溪人。绩溪以前属于徽州府，现在应该属于黄山市。胡适本来不叫这个名字，他原来叫胡嗣穈，学名洪骍，1910 年参加退还庚款留美学生考试，怕考不上回家挨骂，让人耻笑，偷偷把名字给改了，于是后来就有了这个叫胡适胡适之的先生。他父亲"三先生"胡传胡铁花是个官吏，母亲冯顺弟是一位贤良的农村妇女。胡适 1891 年出生在上海，出生两三个月的时候，父亲奉命调到台湾，1893 年他们一家也来到台湾。1894 年中日甲午战争爆发，中国战败以后，1895 年与日本签订《马关条约》割让台湾给日本，遭到台湾大众的抵制，当时台湾巡抚唐景崧被台湾民众拥戴为"台湾民主国"大总统，帮办军务刘永福为主军大总统。胡适的父亲一直坚守在台东，停战以后刘永福挽留"三先生"，请"三先生"一起共商"民主国"之事，可"三先生"却已身患重病，他没有答应，刚回到厦门就病死了，"七月初三日他死在厦门，成为东亚第一个'民主国'的一个牺牲者"。①

少年时代有两个小故事，应该说造就了胡适的一生。第一个故事是关于他最敬爱的妈妈的。父亲没了，一家人回到绩溪，胡适妈妈冯顺弟是个填房太太，胡铁花前面的太太死得早，还留下两个比顺弟没小多少的儿子，顺弟又做他们的后母又是亲儿子的妈妈，这个角色不

---

① 胡适 . 1995. 胡适自传 . 南京：江苏文艺出版社 .

好当，要想一家人和睦，必须相容忍，所以对那两个儿子及儿媳妇她是听之任之、事事容忍，可"我母亲管束我最严，她是慈母兼任严父"①。胡适和母亲在家乡一直生活到十二岁，这十二年他自己是这样说的："我十四岁（其实只有十二岁零两三个月）就离开她了。在这广漠的人海里独自混了二十多年，没有一个人管束过我。如果我学得了一丝一毫的好脾气，如果我学得了一点点待人接物的和气，如果我能宽恕，体谅人——我都得感谢我的慈母。"①可见和妈妈一起的那些时光对胡适的影响是很深的。

另一件事发生在胡适九岁的时候。有一天胡适在家里瞎翻，在个纸箱子里发现一本快被老鼠吃光的书《第五才子》。《第五才子》书目应该是清末金圣叹等文学家玩出来的一套中国经典小说集，所谓《第五才子》就是《水浒传》。胡适从小是个好学生，喜欢读书，他拿着这本破破烂烂的书，蹲在纸箱子边上一口气就给看完了。《水浒传》一下子引起了小胡适的兴趣，他拿着破书找到叔叔伯伯，要他们帮着再去借几本来看，叔叔伯伯里也有几个喜欢看小说的，于是胡适就大看特看起了各种小说。为什么这么喜欢呢？因为小说比读八股文要好玩多了，"这一本破书突然为我开辟了一个新天地，忽然在我的儿童生活史上打开了一个新鲜的世界！"还有一点更重要，"这一大类都是白话小说，我在不知不觉之中得到了不少的白话散文的训练，在十几年后于我很有用处"。真是太有用处了，十几年以后胡适成了新文化运动中坚决推行白话文的元帅！

胡适和梁启超一样都是20世纪初新文化运动时期冒出来的伟大文化人儿、大玩家。不过他和梁启超不太一样，梁启超血性十足，为中国的变革曾经大声疾呼，并且亲自参与其中。而老实巴交的胡适拿着庚款在美国读完书，回到北京吃粉笔灰，写文章，到了1947年媳妇终于熬成婆，当上了北大校长，他几乎没有参与过什么政治活动。不过胡适也不是一个两耳不闻窗外事、不关心国家大事、对穷苦老百姓漠不关心的书呆子，按他自己的话说："……在我一生之中，除了一任四年的战时中国

---

① 胡适.1995.胡适自传.南京：江苏文艺出版社.

驻美大使以外，我甚少参与实际政治。但是我成年以后的生命里，我对政治始终采取了我自己所说的不感兴趣的兴趣（disintersted-interest）。我认为这种兴趣是一个知识分子对社会应有的责任。"①

啥叫不感兴趣的兴趣呢？就拿他极力推动的白话文来说吧。推行白话文直接的起因是在美国读书的时候，他很鄙视一个根本不懂得中文，却口口声声要中国留学生废除汉字、改用字母的人。胡适骂人家："像你这样的人，既不懂汉字，又不能写汉字，而偏要胡说什么废除汉字，你最好闭起鸟嘴。"①不过骂完这些话以后胡适马上就后悔了，他扪心自问，我这样一个懂得汉字，又会写汉字的人，是不是该对汉字、对中文花点工夫，检讨一下呢？于是小时候那本破书起作用了，兴趣也来了，这个不感兴趣的兴趣最终让胡适玩成一个推行白话文的元帅级干将。他认为文言文是半死的语言，白话文才是活的语言。"并不是没有可歌可泣的事业，只都被那些谀墓的死古文骈文埋没了。并不是没有可以教人爱敬崇拜感慨奋发的伟大人物，只都被那些滥调的文人活生生地杀死了。"② 这不是胡适之先生喊的几句口号，这是他对文言文的判决，他在1919年发表的《尝试集》就是中国近代第一部用白话文写的诗集。

文言文是中国传统的书面文字，孔夫子当年就是用文言文为我们写出了千年不朽的杰作。文言文应该说是一种非常优美又十分儒雅的文字，这种语言讲究的不是现在我们说的语法，而是讲究一种说不清的意境，虽然说不清，但中国古代的文人却玩得非常地道，他们写出的文章，你只要摇头晃脑地大声朗读，比如老子《道德经》云"孔德之容唯道是从道之为物唯恍唯惚"，飘逸而又奇妙的意境就会油然而生。另外文言文还不爱用标点符号，于是断句就成了一个大问题，同样一句话，不一样的断句可以断出截然不同的含义，还是老子《道德经》"道可道非常道"，有人断成"道，可道，非常道"，还有人断成"道可道，非常道"，一句话不但可以断出两句话，而且意思也不大一样。这个看上去不太靠谱的特点，却又是文言文的绝妙之处。老子说

---

① 胡适.2005.胡适口述自传.唐德刚译注.桂林：广西师范大学出版社.
② 胡适.2009.丁文江传.北京：东方出版社.

了，老子跟你们玩的就是稀里糊涂。

当西方的新文化、新学问来到中国以后，人们发现用稀里糊涂、充满意境的文言文去表达那些严谨的、实实在在的哲学或科学概念时根本说不清楚，而且显得那么啰唆。比如关于光的直射性质，2000多年前的墨子用文言文也描述过："景光之人熙若射。"这句话念起来味道十足，他的意思是照在人身上产生影子的光，像射箭一样是直射的。这话一点都没错，可他干嘛不干脆点，直接说"光线是直射的"，非要绕个大弯子呢？难道他不会用陈述句最简单的主谓宾方式说？现在我们语文书上所谓主谓宾方式并非语言学家的发明，而是语言学家根据大多数老百姓说话的习惯总结和归纳出来的，所以墨子肯定也会那样说，只不过中国古代的文人写文章的时候就是不能那样说，为啥呢？因为中国的读书人是看不起种田人或做小买卖的这样大多数的老百姓的，最简单的主谓宾方式是老百姓的方式，写文章也用老百姓的方式显得多没学问啊？于是就用一堆老百姓看不太明白、把主语谓语宾语彻底搞乱、不绕几个大弯子不过瘾的文言文去写。钱玄同先生认为，中国的文学之所以变成这个样子，都是"民贼"（指帝王）和"文妖"（指文人）惹的祸（参看钱玄同为胡适《尝试集》作的序）。

欧洲人也玩过一种让老百姓看不太懂的文字，那就是拉丁文。拉丁文最早其实就是古代罗马的文字，在中世纪演化成一种宗教和学术上专用的文字。比如《圣经》最经典的版本肯定是拉丁文的，而像柏拉图、亚里士多德的著作也是拉丁文的最牛。哥白尼的那本不朽著作《天体运行论》也是用拉丁文写的，他其实是个波兰人。至今医生在写药方的时候，其中药物的名称大多数也是来自拉丁文。但是，并不是拉丁文不遵守大家都遵循的语法，而是其中有很多名词都是非常专业的，有的可能都是古罗马的老普林尼或那个时代以前的人发明的，所以大家看不太懂。

胡适除了小时候读过《第五才子》这样的白话小说外，长大以后他又在美国学习了大量现代西方的哲学和科学知识，他觉得咱们的文言文完全不能适应新的世界潮流，要想让咱们中国人走进现代文明，不能再用这些"半死"的文言文了。"谀墓的死古文骈文"和"滥调的文人"是不能表达"可歌可泣的事业"和"教人爱敬崇拜感慨奋发的伟大人物"的,应该见鬼去了!

有个故事特别有趣,1955 年,美国《展望》(*Look*)杂志评选当年世界 100 名著名人物(The World's 100 Most Important People,有点像现在的福布斯富豪排行榜),把胡适给评上了。理由是他发明了一种中国的语言(He has invented a simplified Chinese language, is a great scholar)。不过胡老夫子对此也没敢承认,他说:"我没有替中国发明过语言,世界上也没有任何人曾经替任何国家'发明'过一种语言。"①

胡适确实不是假谦虚,因为他知道白话文根本不是他发明的,他小时候就已经读过白话的《第五才子》。用白话文写文章写故事其实中国早就有了,早在 1500 年前的唐代就兴起了用白话写故事的风气,叫做白话小说。只不过白话小说还是上不了大雅之堂,只是民间流传的、上不了台面的街谈巷语,所以胡适只能在一个破纸箱子里去发现。不过,无论如何,白话是来自老百姓的口语,不是咬文嚼字的文言文。

语言是人类,是一个民族、国家和社会传递信息最主要的工具,是政治家最主要的武器,是传承民族文化的工具,语言是关系一个民族、国家命运的大事情。只会把一个国家"可歌可泣的事业"和"教人爱敬崇拜感慨分发的伟大人物"统统埋没和杀死的语言,肯定是不能再玩儿下去了,这也许就是胡适"不感兴趣的兴趣",也就是他所说的一个知识分子对社会应有的责任吧。

胡适在他一生的著述中还提出过许多非常著名也非常有意义的观念,比如"民主"、"自由"、"实验哲学"、"多研究些问题,少谈些主义"、"大胆假设,小心求证"、"言必有证"等。虽然这些话也许并不是胡适的发明,但是都充分表明了胡适所谓对时事政治不感兴趣的兴趣。

胡适是一位在哲学、历史和古文方面很有造诣的大玩家,不过遥想胡先生当年,他很可能会成为一个大科学家。1910 年,他拿着庚款

① 胡适.2005.胡适口述自传.唐德刚译注.桂林:广西师范大学出版社.

到美国以后，本是去康奈尔大学农学院学习的，这个农学院后来走出了秉志、金邦正等中国现代生物学的先驱，如果后来情况没有发生变化，他很可能就成为像袁隆平一样的伟大的农学家了。可是这小子不知为啥，就是数不清苹果的种类，人家花几分钟就能搞清楚的问题，他用了好几个小时还给搞错了。关于胡适从农学改道去学文科，赵元任先生还有另一个说法，"赵元任：胡适跟我同班，他想学农学，因为他和其他学生认为农学对中国最具紧迫性。因为是低年级学生，也就是大一、大二的学生住在校园的低处，每天两节课中间得走多半英里到农学院，那时候课间不是现在的十分钟，而是七分钟，走这么远的路可不容易啊！［笑］所以胡适就放弃了农学，而选择了艺术学院。施耐德：我认为你完全改变了对中国现代史的解释！［笑］胡适决定致力于文化建设就是因为他错误地住在了小山的另一面！"① 无论是因为受到无情打击还是因为错误地住在了山的另一面，总之胡适改学了文科，后来又在哥伦比亚大学读了哲学研究生，从此他成了一个哲学、历史和古文方面的伟大文化人儿。

近代中国接受西方科学思想的过程是很艰难的，也是比较漫长的，在这个过程中，胡适也起了十分了不起的作用。胡适虽然不是一个科学家，不过对科学他并非一窍不通，不但不是，而且胡适在科学思维方面，应该说是近代中国的一位启蒙者。中国科学社和《科学》月刊就是在康奈尔大学玩出来的，虽然胡适不是九个开创者之一，但是从他的一篇日记可以看出，对此他也是极为关心的："此间同学赵元任、周仁、胡达、秉志、章元善、过探先、金邦正、杨铨、任鸿隽等，一日聚谈于一室，有倡议发刊一月报，名之曰《科学》，以'倡导科学、鼓吹实业，审定名词，传播知识为宗旨'，其用心至可嘉许。此发起者诸君如赵君之数学物理，胡君之物理数学，秉金过三君之农学，皆有所成就。美留学界之大病于无国文杂志，不能出所学以饷国人。得此可救其失也，不可不记……"②

① 罗斯玛丽·列文森.2010.赵元任传.焦立为译.石家庄：河北教育出版社.
② 胡适.2009.胡适文集.北京：北京燕山出版社.

对科学思维，胡适同样有过非常精到的论述。对民主和科学，他这样说："……在我看来，'民主'是一种生活方式，是一种习惯性的行为。'科学'则是一种思想和知识的法则。科学和民主两者都牵涉一种心理状态和一种行为方式。"他的这几句话拿到今天，如果科学可以成为大家的一种心理状态和行为方式的话，那么因为日本地震核电站爆炸而去抢盐的事情也许就不会发生了。

对中国古代哲学与科学的关系，他也提出了自己的主张："……传统的'考据学'、'校勘学'、'音韵学'里面，都有科学的法则存乎其间……'考据'或'考证'的意义便是'有证据的探讨'……例如，研究历史学、考古学、地质学、古生物学、天文物理学等都是一样的（历史科学和实验科学的不同之点，只是历史学里的'证据'无法复制。历史科学家只能去寻找证据，他们不能来创制和重造证据。在实验科学里，科学家们可以用实验的方法来制因以求果。这种程序便叫做实验。……二者之间的基本方法则是相通的——那就是去作有证据的探讨）。"这种以科学和批判的态度重新认识我们老祖宗伟大哲学的方法，将会让我们从远古时代的哲学中，看到几千年来从未见到过的智慧光芒。而在《墨子》中发现力学、光学等科学元素，也有胡适一份功劳。

另外，胡适还是一位牛人，他一辈子得到的博士头衔多得能吓死人，他自己说是 35 个，人家经过考证认为是 32 个，不管是 35 个还是 32 个，能拿这么多博士头衔的人，估计以后也不大会有了。

梁启超和胡适的故事还有很多，而且在 20 世纪初，辛亥革命发生前后那段时间里，中国还有很多和他们俩一样的大玩家，他们都是新文化运动的开创者，是中国走进新时代的启蒙者和领头人。当回头去看梁启超和胡适等玩家经历过的这段历史时，我们会看到，无论是辛亥革命还是新文化运动，都不仅仅是那几十年里发生的一些事件，也不仅仅只有像孙中山、黄兴这样的革命家在玩革命，梁启超和胡适这样的大玩家在玩新文化，也不仅仅是走进共和、剪掉大辫子、不再裹小脚、说起了白话文，辛亥革命和新文化运动是彻底改变中国社会、中国人的思维的一场革命，还有一点更为重要，那就是从此科学在中国真正站稳了脚跟。

如今在我们的中国，街头老百姓可以用非常专业的经济学词汇谈论股票、期货和各种基金的涨落；我们会对索马里、利比亚、阿富汗正在发生的事情高谈阔论，会非常严肃地批评美国佬的作为；我们的科学工作者在实验室里做着最尖端的物理学研究。殊不知，如果没有那场变革，大家满脑子也许还是"之、乎、者、也"，"人之初，性本善"，还是那延续了上下5000年的中国古老文化，外国还都是被我们看不起的蛮夷之地，外国人都是又傻又笨的蛮夷之人；没有那场变革，老百姓心中与经济有关的事情除了菜市场里猪肉的价格和每年要交的租子，也不会懂得啥叫经济学；没有那场变革，我们的地理知识也许还局限于天圆地方的天朝，不知道还有啥索马里、利比亚和阿富汗，更不会知道大海那边还有一个叫美国的地方；没有那场变革，就没有科学家和实验室，清华大学、北京大学就更不要提了。所以我们要感谢那次变革，感谢像孙中山、黄兴、梁启超、胡适这样的启蒙者和领头人，是他们把我们从古老的文化中带出来，走进今天。

一般认为，新文化运动是20世纪初在中国兴起的一场伟大的文化运动，可有个问题来了，为什么这场运动偏偏在20世纪初发生，而没有早点到来呢？新文化运动是怎么发生的？为什么会发生呢？1840年以后，中国在与西方国家的多次较量中都悲惨地输了，开始大家认为是因为我们的武器敌不过洋人，于是造武器，可是武器造出来以后，却又输在并不比我们武器造得更棒的日本人的手下。这时中国人开始扪心自问，接着一系列的变化来了，满汉可以通婚，科举没了，辫子也剪了，辛亥革命也把皇帝赶走了。可此时此刻"在多数'高级'知识分子心目中，整个社会却是堕落、残破、腐败、野蛮的。中国的发展将陷入绝望的泥潭之中"[①]，在如此的景象中，这些"高级知识分子"更加深刻地认识到，我们曾经为之骄傲的中国文化必须进行彻底的变革，怎么变？必须把新文化、新思想、新的世界观，

---

① 费正清．1994．剑桥中国民国史．上卷．北京：北京社会科学出版社．

也就是科学观念和科学思维引进中国！于是康有为、梁启超、陈独秀、胡适等一大批具有新思想的玩家们兴起了这场让中国彻底变革的新文化运动。

这些新的思想就是前面说的那些突然冒出来的玩家带给我们的吗？不是的！回头认真地读一下中国的历史我们会看到，这场新文化运动真正的源头是在 4 个多世纪以前，几个洋和尚从广东爬上中国海岸开始的。14～15 世纪，文艺复兴运动在欧洲兴起，文艺复兴一个最伟大的结果是近代科学进入了欧洲人的生活，科学改变了欧洲，改变了欧洲的社会生活、经济生活和政治生活。洋和尚的到来把欧洲正在发生的事情也带来了，中国一些聪明的玩家马上看到了科学对中国的价值，于是学习科学、传播科学的事业在中国开始了，古老中国的这场变革也开始了。追溯新文化运动的起源时我们会发现，其实 20 世纪初的这场新文化运动是一场延续了 400 多年艰难而又漫长的变革中的一个节点、一个伟大里程碑。

新文化运动带给我们的，正如复旦大学朱文华教授在评价胡适时说的那样："你最敬爱中国古代圣人，但你最不爱浮夸遥远的光荣，你也最看重中国近代革命与进步，但你又最深知我们民族累积的弱点。你不断地用世界的水准衡量我们民族的内心和物理生活，所以在你 70 岁的病中，和在你青年壮盛时代一样，你都不怕逆着风向，挺身高呼，你要国人痛切觉悟我们东方古老文明的衰朽，你要国人热诚赏识西方文明的成就。我们懂得你的心：你是要国人践孔子'知耻近乎勇'的格言，你是和手创民国的孙中山先生一样，要唤起这个知识、道德'都睡了觉'的民族。"[1]

所以，今天，当我们这些已经醒来的中国人昂首走在纽约的时代广场、信步于巴黎香榭丽舍大街、男孩子们梳着全世界最流行的各种发型、漂亮的美眉们穿着各种名牌意大利皮鞋时，当我们的"嫦娥二号"环绕月球轨道任务完成以后又奔向拉格朗日点，我们的物理学家与全世界物理学的同事们共同工作在欧洲强子对撞机旁

---

① 朱文华.1992.胡适——开风气的尝试者.上海：复旦大学出版社.

时，我们一定不能忘记，这一切都是从 17 世纪开始的，由满怀理想的徐光启、王徵、李之藻、魏源、曾国藩、李鸿章、容闳，一直到严复、梁启超、胡适等这些伟大的玩家，把科学和现代文明一点一滴地带进了中国，介绍给中国人民，是他们让我们这个古老却又曾经孤单地漂流在人类历史长河上的中国，最终融入整个人类的伟大文明之中。

第四章 穷山峻岭的书生

　　辛亥革命和新文化运动改变了中国，丫头不裹小脚了，老爷们把辫子剪了，大伙儿开始用白话文写书吟诗，这些基本属于陈独秀说的"德"先生。而关于"赛"先生，新的科学和科学思想，也随着一个个留洋学生的归来来到了中国，科学之光开始照亮华夏大地。其中最早到来的是地质学，现代地质学应该是从 17 世纪丹麦人斯坦诺提出地层概念开始的。玩地质需要穷山峻岭，上山下海，没有个强壮的体格是玩不转的。不过把现代地质学带进中国，并且让中国的地质学研究跻身"有声有色万流景仰的地位"的那几个人，却都是温文尔雅的文弱书生。

穿越百年时光，我们看到了一拨人活跃在新文化运动之中，在他们为中国走向现代文明忙乎的同时，另外几个人也出现了，这几位也是文化人儿，只不过他们不玩哲学，不玩历史，也不玩古文，他们玩的是科学，玩的是地质学。

　　自古就有很多对大地山川、江河湖泊充满好奇的人，可是在很长很长的时间里，却没人知道我们脚底下竟然是个大球球，中国传统的说法是"天圆地方"，觉得地是方的，印度人更绝，他们说地是被四只大象驮着的一个小岛。又过了很长很长的时间，好奇的人还在不断地琢磨，不断地玩，终于有些人把事情搞明白了，他们不但搞明白我们脚底下踩着的是个球球，还知道了这个球球上的好多事情。玩这些的人，现在就叫地质学家、地理学家、地球物理学家、水文学家或气象学家，总之这些大学问统统属于地球科学。

　　现代地球科学虽然产生在欧洲，不过自古以来全世界都有人在玩，其中也包括咱们中国人。比如中国有一本非常古老的书《山海经》，这本书起码有两三千年的历史，司马迁在他的《史记》里也提起过这本书。书分为《山经》五卷、《海外经》四卷、《海内经》五卷、《大荒经》四卷，"经"里讲的都是各种故事，比如《西山经》云："西山华山之首，曰钱来之山，其上多松，其下多洗石，有兽焉，其状如羊而马尾，名曰羬羊，其脂可以已腊。"《海内南经》云："南山在其东南，自此山来，虫为蛇，蛇号为鱼，一曰南山在结匈东南。"只不过这些故事连司马迁都觉得不靠谱，所以一直以来大家觉得这本书全是胡扯。后来有人发现，这本书里描述的许多山水地名、地理状况等并非杜撰，比如黄河发源地昆仑山，还有华山、蓬莱山、会稽山、琅琊台等，不但位置描述得相当准确，而且这些山名地名至今如此。司马迁老先生是因为当时还没有那么多地理知识，所以他觉得《山海经》不靠谱，而具备了地学知识的现代学者认为这本书就是一本最古老的地理书。这么古老的书早就不知是谁写的了，不过通过里面大量关于山川湖海的描述，足以说明作者肯定是一个或一群好奇心极强、对脚下的大地相当熟悉的大玩家，只是这些玩家满脑袋的幻想，还极富浪漫情怀，写出来的书有点魔幻小说的味道。中国还有一本书《水经注》，那可是实实在在地写大江大河的水文书了，作者是北魏时期的郦道元，他在原序里写道："《易》称天以一生水，故气微于北方，而为物之先也。《玄中记》曰：天下之多者水也，浮天载地，高下无所不至，万物无所不润。"他的意思是，水是万物之源，万物都受到水的滋润，这本书是写水的。郦道元的这本书是给一本叫《水经》的书作的注释，所以叫《水经注》。那《水经》是哪位大仙儿写的呢？据说是汉朝一个叫桑钦的人写的，郦道元觉得桑钦写得还不够棒，他要在《水经》的基础上加以完善，为此他不但看了很多很多的书，还自己亲自走进中原大地，去考察那里的大江大河，他的《水经注》把桑钦的 100 多条变成了 1000 多条，而且他还是个码字高手，于是他写出来的《水经注》彻底把桑钦的《水经》盖了。还有更有名的一本书，那就是大名鼎鼎的《徐霞客游记》，这本书的作者更是厉害，他是个行者，足迹踏遍祖国大江南北，而且他不仅仅是个行者，"先生之游，非徒游也，欲穷江河之渊源，山脉之经络也。此种'求知'之精神，乃近百年来欧美人之特色，而不谓先生已得之于二百八十年前"[1]。丁文江说徐霞客的旅行是"求知"之游，这种近百年来欧美人的科学精神，徐霞客 280 年前就已经实践过，所以徐霞客不仅是中国古代，也是全世界前无古人的、非常牛的地理学家。

　　不过上面说的还都不是正儿八经的地球科学，那怎么才是正儿八经的地球科学呢？所谓科学是要用逻辑的方法、演绎的方法还有实验的方法去寻找事物的规律，地球科学就是通过实地考察、取样，经过实验室的分析去寻找地底下或水里、大气中的规律。《山海经》、《水经注》和《徐霞客游记》更像是如今很有探索精神的驴友写的游记，虽然是对大自然求知的探索，但还没有变成寻找规律的地球科学。尽管如此，寻找规律的地球科学却要仰仗他们，仰仗他们的探索精神，仰仗他们在千百年前积淀下的知识。没有他们，现代地球科学也都是浮云。

　　现代地球科学里有一个很重要的分支，那就是地质学。地质学研

---

① 　胡适 .2009. 丁文江传 . 北京：东方出版社 .

天下之多者水也，
浮天载地，高下无
所不至，万物无所不润。

究的是组成咱们脚底下这个大球球的各种物质，这些物质的历史，以及物质与物质之间的关系，比如地层、岩石、矿物和古生物的分布等。在地质成为一门科学以前很久很久的时代，中国人就开始玩类似的，比如采矿，还有怎么把矿石和破石头区分开来。中国在 5000 年前进入所谓的青铜时代，到了商朝（3700 年前），殷商大将军的脑袋上已经戴上了精致漂亮的铜头盔（这个可以在台北"中央研究院"历史语言研究所的历史文物陈列馆里看到）。考古发现，在夏代，也就是大禹儿子的时代（4100 多年前），就已经有开采铜矿的遗迹，殷商时代中国人已经开始对铁产生兴趣了。[①] 李约瑟先生在《中国科学技术史》的地学卷中对中国古代有关地质学方面的成就，比如中国古人对山的形成，矿物、化石的认识和名称等都作过非常棒的分析和总结。虽然找矿是地质学一个很重要的部分，但是现代地质学不光为了找矿这点事，现代地质学是经过野外考察，然后在实验室对岩石等样本进行分析和实验，得出具有规律性的地层、岩层知识和矿物分布的科学。这样的地质学中国古代还没有，外国产生得也比较晚。现代地质科学应该是从 17 世纪丹麦人斯坦诺（Nicolaus Steno，1638～1687）研究牙形石开始的，他被后代称为地层学之父。

"现代地球科学，在我国发展较晚，到了清末，京师大学堂（即后来的北京大学）才设有地质学科。中华民国成立后，1911 年南京中央政府（后迁北京）实业部设立地质科，迁北京后，又创办了地质讲习班，以培养人才。1916 年有了毕业生，遂将中央实业部地质科扩大为地质调查所……"[②] 这是现代地质学进入中国的大致过程。

当来自西洋的现代地质学大举进入中国的时候，欧美除了地质学，其他诸如物理学、化学、生物学等现代科学领域都已经遍地开花，而且硕果累累。1905 年爱因斯坦玩出了后来能造原子弹的狭义相对论，1915 年又玩出了包含今天宇宙学中大爆炸、黑洞还有平行宇宙等各种理论的广义相对论，而那时的中国在这些方面还是零。所以，整体来

---

① 唐锡仁，杨文衡．2000．中国科学技术史·地学卷．北京：科学出版社．
② 李善邦．1981．中国地震．北京：地震出版社．

说，中国人开始玩现代地质学的时间还算比较早的，而且自从实业部地质调查所建立以后，中国在地质学和与之相关的各个科学研究领域得到了突飞猛进的发展，同样硕果累累。中国早期的一些著名科学家很多都是从地球科学领域冒出来的。"1916 年农商部地质调查所的建立，无疑是一个里程碑"①，这是费正清对地质调查所的评价。

现代地质学的产生当然要靠那些满脑袋大问号的贪玩的人，不过还有一个原因也很重要，啥原因呢？那就是生产力的发展。主要是西方的近代科学催生了一帮资本家，资本主义来了，资本主义用机器和大型工厂代替了原来的小作坊，机器代替了满手老茧的工匠，这样的生产方式大大提高了生产力。大机器生产一瞬间就能吞进去大量的材料，材料是啥，材料就来自铜啊、铁啊等各种矿物。1886 年卡尔·奔驰的工厂里开出了第一辆汽车，要生产更多的奔驰汽车，奔驰公司的老板就要追着炼铁炼铜的老板要更多的铁和铜，炼铁炼铜的老板追着开铁矿开铜矿的老板要更多的矿石，开矿山的老板咋办呢？他就追着地质学家给他找到更多的矿山，于是，地质学就这样在热热闹闹的资本主义大生产中产生了。

无论地质学是不是因为好奇心而来，却都要仰仗自古以来满怀好奇的玩家（包括中国），仰仗他们在地质学方面的贡献。除了前面说的中国玩家，在欧洲，古希腊时期还有亚里士多德、普林尼（Gaius Plinius Secundus，公元 23～79）等好奇的玩家，他们把许许多多有关地底下的各种奇怪的问题提出来。17 世纪丹麦的斯坦诺继承了古希腊前辈的好奇，玩起了牙形石，接着英国的伍德沃德（J. Woodward，1655～1728）玩起了水成论，英国人雷伊（John Ray，1627～1705）点燃了火成论，德国的维尔纳（Gottlob Werner，1749～1817）玩出了沉积理论，德国的魏格纳（Alfred Lothar Wegener，1880～1930）玩出了大陆漂移说。欧洲一个接一个好奇的玩家，像玩接力赛一样，从古至今把好奇的接力棒一直传到了资本主义大生产的车间里。这些好奇的玩家，他们对脚底下大地无限的好奇和逐渐积累起来的知识和思

① 费正清，费维恺. 1994. 剑桥中华民国史. 北京：中国社会科学出版社.

考，是地质学产生的真正根基。归根结底，地质学的发展还是好奇心在"作祟"。

现代地质学为啥没有出现在中国呢？中国古代不是也有很多对脚底下的大地有好奇心的人，就像前面提到的郦道元和徐霞客。中国的确不缺乏有好奇心的玩家，可有一件事中国没有，那就是没人玩好奇心的接力赛，那些好奇的人都是单打独斗的英雄，在他们身后没有粉丝跟着他们往下玩。大多数中国的书呆子，宁愿花十年甚至更长的时间，埋头去读圣贤的经典，也不愿意抬起脑袋，看看窗户外面那么好玩的世界，包括脚底下的大地。另一方面是中国资本主义生产方式来得晚。

不过，地质学虽然来到中国的时间比较晚，却又先于其他科学进入中国，这都要归功于洋务运动及洋务运动中建立起的各种大工厂，是大工厂对矿物、对资源的需求最早把地质学带进了中国。

我国地质学的开山鼻祖之一、著名地质学家章鸿钊（1877～1951），他在谈到当年去日本求学为啥会改学地质时说："予儿时即知外人之调查地质者大有人在，未闻国人有注意及此者。夫以国人之众，无一人焉得详神州一块土之地质，一任外人之深入吾腹地而不知也，已可耻矣。"他说在儿童时代就知道外国有很多人在玩地质调查，却从来没听说中国有人干这个，这么多的中国人没有一个去了解我们脚底下的大地，却任由洋人深入中国腹地去调查，这简直就是国人的耻辱。接着他说"且以我国幅员之大，凡矿也、工也、农也、地理也，无一不与地质相需。地质不明，则弃利于地亦必多，不知土壤所宜，工不知材料所出，商亦不知货其所有、易其所无，如是而欲国之不贫且弱也，其可得乎"？他感到中国所有工商业，"凡矿也、工也、农也、地理也"，都离不开地质，"无一不与地质相需"，对自己祖国的地质情况都不了解，"地质不明"，国家怎么会富强？"如是而欲国之不贫且弱也，其可得乎？"

"地质学者有体有用，仅其用言之，所系之巨已如此，他何论焉。予之初志于斯也，不其后，不顾其先，第执意以赴之，以为他日必有继予而起者，不患无同志焉，不患无披荆棘、辟草莱者焉。唯愿身任前驱与倡之责而已。"章鸿钊觉得，地质学是一门大学问，非常有用，所以他要把地质作为自己的志向，无论以前有没有人学过，不怕没有和我一样的有共同志向的人一起去披荆斩棘，为此他愿意以自己的五尺之躯去做中国地质科学的驱动者和倡导者，于是这个志向成了他的责任！必须的！

章鸿钊是谁呢？历史课上老师讲过他吗？无论历史老师是不是讲过，我们也应该再认识一下他。

中国地质学的先驱章鸿钊先生是个普通人，祖籍浙江湖州。湖州地处长江三角洲，紧挨着太湖，是被称为鱼米之乡的江南小镇。章鸿钊出生在一个富裕的小康家庭里，5岁进父亲开的蒙馆，随父亲读四书五经。什么叫蒙馆？蒙馆相当于现在的小学，是专为孩子们启蒙的。20世纪初以前中国还没有现在小孩子上的小学，家里的父辈如果是读书人，就会在家里某个房间开办给孩子做启蒙教育的学堂，这就是所谓蒙馆。另外章鸿钊家里藏书很多，除了圣贤书以外还有很多杂书，其中包括算学。章鸿钊读完了诗书，还喜欢跑到书堆里乱翻，这一翻让他对中国古代的算学产生了兴趣。中国有很古老的算学，比如《九章算术》，虽然算学也是科举考试的科目之一，可大多数读书人不怎么读，起码不会很用心读，为啥呢？中国古代的算学基本是很实用的计算方法，比如《九章算术》的所谓九章就分为方田、粟米、衰分等，都是关于土地、粮食的，总之都是种庄稼、丈量土地、修水渠或盖房子时的计算方法，读书人读书为的是考取功名，这些庄稼汉、泥瓦匠才需要的学问哪里会引起他们的兴趣，所以不爱学。而章鸿钊是个另类，他对算学充满好奇，不管对考功名是不是有用，拿起来就看，另外他家的藏书不仅包括古算学的书，也有像利玛窦他们带来的《几何原本》，以及和天文有关的代数、几何等书籍，这些书都让章鸿钊兴趣十足，而这些知识对他后来玩地质科学都十分有用。

1905年他考上官费，来到日本留学，本来是去学农科，但由于农科名额已满，只能另选学科，他选择了地质学，原因就是上面说的那些话，没别的想法，"唯愿身任前驱与倡之责而已"，他准备学成之后为中国的地质科学事业培养人才，因为他知道，在中国开展地质科学不是一两个人可以完成的。果然，章鸿钊没有食言，1911年他从东京帝国大学理学部地质系毕业后，立即返回祖国。回国后他参加了朝廷举办的游学进士考试①，考试成绩优秀，被授予进士，并聘为京师大学堂农科的地质学讲师。于是章鸿钊成了中国有史以来第一位现代地质学老师、中国地质学教育的开创者，实现了他"唯愿身任前驱与倡之责"的理想。

章鸿钊到京师大学堂后不久辛亥革命发生，1912年南京成立了临时政府，章先生任实业部地质科科长。地质科迁到北京，地质讲习班开班以后他又担任讲习班的老师，1916年由讲习班培养出的我国第一批地质学人才毕业，中国的地质学研究也从此融入世界地质科学事业之中。

1911年当章鸿钊从日本回到中国的时候，另一个人也千里迢迢从外国回来了，他从哪儿回来？从西边的英国。那时候还没有发明飞机，来往英国和中国最便捷的路线就是海路。从英国上船漂过大西洋进入地中海，过苏伊士运河进印度洋，然后穿越马六甲海峡，进入南海，最后到上海上岸。不过这位老兄没这么走，走了一大半以后，在越南的海防他就下船了（从欧洲到中国的船进入南海以后，会在越南的海防稍事停留以补充煤水给养），下船以后他从越南乘火车回国，来到春城昆明。接下来他啥都不坐了，迈开两条腿开步走，从云南出发，开始了他第一次大地考察之旅。这个人为啥一回到中国不赶紧回家给老爸老妈请安，却急着开始地质考察呢？因为他去英国学的是地质学，这个人是谁？他就是我国地质科学又一位开山之人、被著名地质学家黄汲清先生称为"20世纪徐霞客"的丁文江（1887～1936）先生。

丁文江和章鸿钊一个是江苏人，一个是浙江人，年龄相差大约10岁，他们都出身于清末相当幸福的小康之家，小时候读的书也差不多。不过他们俩的风格却迥然不同，章鸿钊喜欢穿长衫，一派儒雅的中国文人形象。丁文江虽说也是个文弱书生，可他喜欢西服革履，还留着

---

① 游学进士考试是清末实行的，每年对归来的留学生进行考试，以确定出身，成绩优秀者可获进士出身。1905～1911年共举行过7次游学进士考试，除了第1次，以后6次都是在废除科举以后举办的。

德皇威廉二世式、翘得老高的八撇翘胡子，洋绅士的派头十足，不过关于救国的理想他们又是完全一致的，那就是只有靠科学和教育。

丁文江，字在君，他出生在光绪十三年，也就是 1887 年。这一年世界上还出生了另外两个大人物，一个是蒋介石蒋委员长，另一个则是大名鼎鼎的第二次世界大战英雄，令世界人民尊敬的英国陆军元帅——蒙哥马利。不过这两位全都和打仗有关，丁文江不一样，他是个普通人、文人。小孩子一般爱玩，不爱读书，甚至害怕读书，可丁文江不是，据他哥哥丁文涛回忆，"……襁褓中，即由先慈教之识字，五岁就傅，寓目成诵"[1]，意思是丁文江在襁褓中妈妈就教他识字，五岁就有老师教他（其实就是进了蒙馆），书只要看一眼就可以朗诵出来，可见他生来就是个读书的种儿，而且是神童级的。虽说丁文江家境还不错，但他的老家在江苏的泰兴县，那里地处长江以北，就是被上海人叫做江北的穷地方，泰兴"滨江偏邑，风气锢塞"[2]，如果一辈子待在这个滨江偏邑，肯定不会有啥大出息。可是丁文江的运气好，他碰上了一位好老师——湖南的龙研先老先生。龙先生名叫龙璋，字研先，他是光绪年间的举人，曾在泰兴任知县。龙先生是当时具有新思想的人物，一生致力于新式教育，他主张学习西方先进的知识，以改变中国旧面貌。丁文江就是在龙先生的劝导、指引下走出国门，到日本去求学的。

1902 年丁文江来到日本，这一年他 16 岁。到日本以后，丁文江没上学，却开始关心和谈论起政治，他还担任过江苏籍留学生杂志《江苏》的总编。"在君在日本一年半，虽然认识了许多中国留学生，虽然参加了当时东京留学界'谈革命，写文章'的生活，但没有进什么正式的学校。"[2] 虽然这一年多没上什么学，但这段时间对"谈革命，写文章"的关心，可能是他后来许多经历的开端。1904 年 2 月 8 日夜里，日俄战争爆发，由东乡平八郎统领的日本联合舰队突袭驻扎在中国旅顺港的俄军，外国军队居然在中国地面儿上打起来了！中国留学生在

---

① 丁文涛 . 1936. 亡弟在君童年轶事追忆录 . 独立评论，第 188 号 .

② 胡适 . 2009. 丁文江传 . 北京：东方出版社 .

日本哪里还待得下去？中国留学生纷纷回国或转往其他国家。丁文江在日本啥都还没学，所以不想马上回国，他听说去英国留学学费比较便宜，于是和两个胆子大的哥们儿商量，凑了点盘缠便踏上了远赴英伦之路。

丁文江 1904 年到英国，1911 年以英国格拉斯哥大学动物学和地质学双学位毕业，他在英国留学一共有 7 年的时间。这 7 年里丁文江读过两年的中学，"一年跳三级，两年就考进剑桥大学"①。不过对于一个来自中国的穷学生来说，剑桥大学可不是好待的，因为交不起学费，他只读了半年就跑了。后来他又考过伦敦大学医学院，结果有一门功课不及格，"这是他一生不曾有过的失败"①。1908 年他考上格拉斯哥大学，1911 年以动物学和地质学双学位毕业。

就像如今的北漂，在北京混上 7 年也是满口油腔滑调的儿音，起码能算上半个老北京，7 年的时间也让丁文江当上半个英国佬了，西服革履、满嘴的伦敦腔、一副英国绅士的派头。第一次世界大战以前的英国，还是被称为日不落帝国的全世界最牛的国家。英国的军队是全世界最强的，英国的工业产品是全世界最牛的，英国的绅士也是让全世界的老爷们都羡慕不已的。丁文江在英国的 7 年，除了和各色人等交往，到欧洲大陆游历外，在他刚到英国上中学的时候还系统地学习了欧洲的历史、地理，还有法文、拉丁文等，这些都让这个初出茅庐的中华书生对英国甚至整个欧洲，在政治制度、经济生活、宗教信仰等各个方面有了比较深入的了解，并深受影响。他的全盘西化不仅表现为西服革履、留着德皇威廉二世式的小胡子，他还坚决不看中医，"终身不肯拿政府干薪，终身不肯因私事旅行借用免票坐火车……他最恨奢侈，但他最注重舒适和休息……他最恨人说谎，最恨人懒惰，最恨人滥举债，最恨人贪污"②。更重要的是，他要把自己在英国 7 年的所得，他学习的知识和他所了解的新的科学的人文思想带回来，因为他知道只有这些才可以拯救仍然处于贫弱状态下的祖国。

---

① 胡适 . 2009. 丁文江传 . 北京：东方出版社 .
② 胡适 . 1936. 丁在君这个人 . 独立评论，第 188 号 .

丁文江提倡一种所谓"少数人的责任"。啥是少数人的责任呢？他自己这样说："我们中国政治混乱，不是因为国民党程度幼稚，不是因为政客官僚腐败，不是因为武人军阀专横；是因为'少数人'没有责任心，而且没有负责任的能力……只要有少数里面的少数，优秀里面的优秀，不肯束手待毙，天下事不怕没有办法。"[①] 他觉得无论政治体制如何不对劲儿，官僚如何腐败，只要有少数里的少数、优秀里的优秀、有责任心、敢于负责任的人，国家大事就不怕没有办法。他自己就是这个少数里的少数、优秀里的优秀的一个人，所以他要去做这样的"少数人"，去负这些少数人的责任。

那时欧洲开展现代地质学研究已经有一两百年的时间，已经涌现出许多地质学和古生物学方面的著名科学家，现代地质学中沉积、地层、造山运动和板块运动等基本理论都已经建立，地质科学不但帮助人们找到更多的矿石和资源，也让大伙对脚底下这个大球球有了更清楚的认识。丁文江在这个由人类好奇心的接力赛中积累起来的知识的宝库里遨游了好几年，也让他心中"少数人的责任"的理想更加充满了希望。

胡适说："在君是一个欧化最深的中国人，是一个科学化最深的中国人。"[②] 丁文江常说两句英文名言："Study as if you were live forever，Live as if you were to die tomorrow."胡适把这句话翻译如下："准备明天就会死，工作着仿佛像永远活着。"

在格拉斯哥大学拿到双学位以后，信心满满、满怀"少数人的责任"的丁文江旋即返回祖国，回国以后他干的第一件事不是回家，而是开始了徐霞客式的地理考察之旅。"他走的路线是从昆明过马龙、沾益、平彝，入贵州省境，经过亦资孔、毛口河、郎岱、安顺，到贵阳。从贵阳经过龙里、贵定、清平、施秉、黄平到镇远……"这条让人一看就能当场晕倒的路线，不要说 100 年前，就是现在估计也没有几个驴友敢于尝试，更不用说那时的云贵高原路途有多么艰险。可他为什

① 胡适 .2009. 丁文江传 . 北京：东方出版社 .
② 胡适 .1936. 丁在君这个人 . 独立评论，第 188 号 .

么这么着急，一回国就马上去作如此疯狂的考察呢？"据说，当初丁在英国学了地质，回国时，英国同行给他临别赠言：'中华人研究其他文、理、哲学，不致落人之后，对搞地质这门科学，必须穷山峻岭，恐非文弱书生所能。'"① 洋人说的他不服，于是在刚刚踏上祖国土地的时候就开始了这次近乎疯狂的考察之旅，因为他要向全世界证明，心中有"少数人的责任"的中华文弱书生也有穷山峻岭的能力。

照胡适的说法，丁文江这次对中国西南部的考察之旅"不算是调查矿产地质的旅行，只是一个地理学者的旅行，作为他后来在西南调查矿产地质的准备"②。不过这次地理学者的旅行丁文江也没白跑，不但没白跑而且受益匪浅，他发现了当时"最新中国地图"里长期存在而没人发现的错误；在贵州黄果树赶场子，身穿奇异服装的少数民族又让他对人类学产生了兴趣。

丁文江1911年5月到达昆明，经过两个多月地理学者的旅行，7月底回到江苏老家。几个月以后辛亥革命爆发，1912年1月1日中华民国成立。这下满怀"少数人的责任"的丁文江有事儿干了，根据他哥哥丁文涛的回忆，"弟自英学成归国，适辛亥革命，邑中警报频传，不逞之徒乘机煽乱，雈苻遍地，倡编地方保卫团。经费不给，则典鬻以济之，又手定条教，早夜躬亲训练，以备不虞。卒之市民安堵，风鹤不惊"②。作了好几年洋学问，现在该为家乡父老的平安做点事了，于是他自己掏腰包，"早夜躬亲"地组织和训练地方保卫团。这样的事情，如果不是怀揣着"少数人的责任"，一个学地质的文弱书生是绝对不会干的。

1913年，丁文江受当时实业部矿政司司长张轶欧之邀，来到北京就任地质科科长。丁文江的到来让同样受张轶欧邀请已经在矿政司任职的章鸿钊，还有从比利时回来的翁文灏，这三位中国地质科学事业的开山鼻祖聚首在了北京。当时的中国经过洋务运动，大型工厂纷纷建立，此时对矿产的需求已经让大家认识到开展地质学研究的重要性，

---

① 李善邦.1981.中国地震.北京：地震出版社.
② 胡适.2009.丁文江传.北京：东方出版社.

但是由于缺乏人才，1909年北京大学地质学系开办以后没多久就停办了。从国外学成归来的三位中国地质学鼻祖聚在一起以后，第一件事就是开展教育，培养地质学人才。1913年实业部创立地质研究所（这个研究所也叫做地质讲习班），章鸿钊和翁文灏教授地理和地质等学科，丁文江讲授古生物学。1916年，第一批中国人自己培养的地质学人才毕业，"到民国五年，地质研究所快结束了，丁先生便和北京大学当轴（当局）商议，恢复一个地质学系（前清末年开办后来因故停办），一方面建议农商部，开办地质调查所。于是学校方面专管教育，政府方面专管调查，网罗不少中外专家，研究工作，因之大进。驯至今日，中国的地质学界便跻到了有声有色万流景仰的地位"[1]。

丁文江先生自从1913年开始研究中国"有声有色万流景仰"的地质科学以后，除了一两次短暂的离开外，他几乎将自己所有的精力都投身于地质科学。作为一个地质科学工作者，丁文江最敬佩的人就是徐霞客。"他最佩服徐霞客，最爱读他的游记，他这一次去西南，当然带了《徐霞客游记》去做参考。"[2] 这里胡适说的"这一次去西南"，是1914～1915年丁文江又一次独自一人在云南、四川、贵州等地进行的地质考察。此前的1913年丁文江还与德国地质学家梭尔格对太行山进行过一次铁矿考察；1928年到广西；1929年到重庆和贵州；1933年借参加国际地质学会第16次大会之机，赴苏联考察了乌拉尔山铁矿、高加索山脉等地。从英国回来以后的20年多间，丁文江的地质考察活动没有一天停止过，他的足迹遍及中国大江南北，还包括欧亚大陆，难怪会被称为现代的徐霞客。

喜欢玩游戏的人，不但喜欢玩植物大战僵尸，而且还会喜欢玩愤怒的小鸟等，这就是玩家。同样，作为一个科学的玩家，丁文江也不仅仅是一个整天拿着个小锤子在石头上乱敲的地质学家，他感兴趣和涉及的科学领域十分广泛。他在英国是地质与动物学双学位毕业的，回国以后在1914年他编写了中国第一部动物学教科书——《动物学》，

---

① 章鸿钊.1936.我对于丁在君的回忆.地质评论，1（3）.
② 胡适.2009.丁文江传.北京：东方出版社.

他还是地质讲习班的老师、北京大学地质学教授；在地质学中，古生物学知识不可或缺，丁文江也是古生物学的大师，他不但主持了北京周口店猿人遗址的发掘，还担任《中国古生物志》的主编达 15 年；他又是我国人类学的开创者之一，他的《指数与测量精确之关系》（原文为英文），是他在云南、四川等地亲自收集 361 组人种学材料，以统计学的方法研究人种学的开山之作。另外，丁文江还玩过彝族的爨文，编译了一本爨文古籍——《爨文丛刻》。除了玩现代的，他还玩古代的，宋应星的《天工开物》被称为一本奇书，但在中国早就失传，没了，是丁文江根据日本人 1771 年的翻刻本，并参考了江西的《奉新县志》，让《天工开物》这本奇书重新出现在读者的眼前。他还以一个现代地质学家的眼光和思维，重新整理编写了《徐霞客游记》，编写了《徐霞客年谱》。

还有一件很好玩的事情，那就是丁文江不但是科学知识、科学思想的传播者、倡导者，他还像达尔文的斗犬赫胥黎那样，是科学思想坚定不移的斗犬，是科学思想的卫道士。丁文江有这么牛吗？就算他能穷山峻岭，可一个文弱书生还能做斗犬、卫道士？这事儿还得从 20 世纪 20 年代中国上演过的一场很有趣的大戏说起，这场大戏就是所谓"科学与玄学"的大论战。在这场论战中唱科学戏的是丁文江，唱玄学戏的叫张君劢（张君劢大家可能已经不熟悉了，关于他可以在中华书局出版的《张君劢传》或网上了解，这里不作赘述）。

这场论战其实源自 20 世纪初的西方，是洋大人首先对科学发生了怀疑。本来就来自西方，看上去比《圣经》还管用，简直无所不能的科学在西方怎么会惨遭怀疑呢？事情是这样的，自从 16 世纪科学从哥白尼那里冒出来以后，确实给大家带来了无穷的好处，火车、汽车满地跑，电报、无线电广播满天飞，人们从科学那里享受到许许多多以前从未有过的便利和舒适，一时间科学就成了无所不能、无所不在的万能之王。不过，随着科学的不断发展，问题也跟着来了，1914 年第一次世界大战爆发了，科学在一瞬间成了战争利器，几年下来上千万的人魂归西天，这么吓人的战争是以往根本无法想象的，此时有些人感到科学已经不再是温文尔雅的学者们玩于鼓掌的文明游戏了，科学已经变成了十足的怪物、杀人的洪水猛兽。于是这些人问，科学到底是干啥的？到底是不是万能的？

1919年梁启超以记者身份参加巴黎和会，并在欧洲旅行，而他的这次欧洲之旅正好赶上洋大人们在拷问科学，梁先生看到这些以后说："近代人因科学发达，生出工业革命，外部生活变迁急剧，内部生活随而动摇。……唯物派的哲学家，托庇科学宇下，建立一种纯物质的，纯机械的人生观，把一切内部生活，外部生活都归于物质运动的'必然法则'之下。……一百年物质的进步比从前三千年所得还要加几倍。我们人类不唯没有得着幸福，倒反带来许多灾难。好像沙漠中失路的旅人，远远望见个大黑影，拼命往前赶，以为可以靠他向导，哪知赶上几程，影子却不见了，因此无限凄惶失望。影子是谁？就是这位'科学先生'。欧洲人做了一场'科学万能'的大梦，到如今却叫起'科学破产'来。"[1] 从这段话似乎可以感到，梁大爷也有点找不着北了。

那啥是科学与玄学的大论战呢？唱玄学戏的张君劢也不是个等闲之辈，他也是一个学贯中西的大学者，他曾经是清朝的秀才、进士，留过洋，在日本、德国学习过政治学和哲学，是德国柏林大学的政治学博士。1919年他跟梁启超先生一起去欧洲旅行，梁启超回国后他留在德国随大哲学家倭铿（Rudolf Christoph Eucken，1846～1926）学习哲学。倭铿的哲学思想注重所谓精神价值，认为让人成为人的是精神人格，人凭精神获得升华。张君劢受倭铿思想影响很深，回国之后发表了一些言论，他也认为人的精神价值不是科学可以解决的，"科学的目的是丢弃人的情感作用而专事表达全部的客观现象，那么，它就应当只适用于精确科学——数学、物理学、化学、生物学——研究的工具，而不适于任何涉及人类存在之精神方面的研究。"[2] 所以他继续推论："国而富者，不过国内多若干工厂，海外多若干银行代表。国而强也，不过海上多几只兵舰，海外多占若干土地。……今则大梦已醒矣。""我国立国之方策，在静不在动；在精神之自足，不在物质之逸乐；在自给之农业，不在

---

① 胡适. 2009. 丁文江传. 北京：东方出版社.
② 格里德. 2010. 胡适与中国的文艺复兴. 鲁奇译. 南京：江苏人民出版社.

谋利之工商；在德化之大同，不在种族之分立……"①

丁文江是个极力推崇科学的人，他本来和张君劢是好朋友，可听到他的这些言论，尤其是他在清华大学发表的一次演说"人生观"，在君先生一下子就不干了，生怕张君劢的这些"在静不在动，在精神之自足"的理论会影响到年轻一代学习科学的热情，他把张君劢这些说法称为玄学，"玄学真是个无赖鬼——在欧洲鬼混了二千多年，到近来渐渐没地方混饭吃，忽然装起假幌子，挂起新招牌，大摇大摆地跑到中国来招摇撞骗。你要不相信，请你看看张君劢的'人生观'。"①丁文江除了大骂张君劢，他还针对张君劢关于科学和精神价值的理论大加批判，他说："科学不但无所谓'向外'，而且是教育同修养最好的工具。因为天天求真理，时时想破除成见，不但使科学的人有求真理的能力，而且有爱真理的诚心。……这种'活泼泼地'心境，只有拿望远镜仰察过天空的虚漠，用显微镜俯视过生物的幽微的人方能参领得透彻。——又岂是枯坐谈禅、妄言玄理的人所能梦见……"②第一次世界大战以后，人们感到欧洲破产了，责任应由谁承担呢？应由科学这只会杀人的怪物承担。丁文江说："欧洲文化纵然是破产（目前并无此事），科学绝对不负这种责任。因为破产的大原因是国际战争。对战争最应该负责任的人是政治家同教育家，这两种人多数仍然是不科学的。"②丁文江是最懂得科学思维的作用的，在人类文明进步的过程中，曾经有过石器时代、铜器时代、铁器时代，石器、铜器和铁器都可以拿来做武器杀人，而且一个比一个杀人杀得麻利，但这些没有让人类文明破产。

张君劢错就错在他只看到科学所谓"向外"的一面，也就是他说的科学是"只适用于精确科学——数学、物理学、化学、生物学——研究的工具"，而没有看到其实科学也是可以"向内"的，啥是"向内"的呢？那就是科学思维。科学技术确实不可能是万能的，甚至可能会带来灾难，但科学思维或许是万能的。如今，当我们发现现代科学不仅大大促进了生产力的发展，同时也付出了破坏环境的无情代价时，解决这个问题不是祈求古人在坟墓里说的"在静不在动"的伟大

---

①　胡适.2009.丁文江传.北京：东方出版社.

②　格里德.2010.胡适与中国的文艺复兴.鲁奇译.南京：江苏人民出版社.

指示，需要的还是科学，是科学精神和科学思维。科学精神和科学思维才是求真理、爱真理最好的途径。从这场论战可以看出，在将近一个世纪以前，丁文江先生就已经非常明确地看到了科学所具有的"向内"的那面，所以，给丁文江的脑袋上戴一顶科学思想斗犬或卫道士的大帽子，是绝对靠谱的。

1936年，丁文江在湖南进行关于煤矿考察时煤气中毒，不幸去世，时年49岁。按照他的遗嘱，"死后一切从简，营葬处应在逝世地点，面积不超过半亩"，丁文江就葬在他去世的湖南长沙岳麓山下。30多年前，丁文江是在湖南龙研先先生的指引下走上了科学的道路，30多年后他死在了湖南，去世前不久他刚刚在南岳衡山上拜谒过恩师的纪念碑。

丁文江这短短的一生，与翁文灏、章鸿钊创办了中国第一个官办科学机构——中央地质调查所，后来又担任过北大地质系教授、孙传芳时代淞沪督办、中央研究院总办等，总办相当于现在的中科院院长。他做过不小的官，生活富裕过，不过也窘迫过，但是无论怎样，他没用过一分钱公款，"先生为一真诚之爱国者，并极富热忱，凡所任事，无不尽力以赴。先生对后进青年之鼓励，亦复无所不至，在其领导下之青年，每能立定意志，从事一生之事业。先生信仰科学至笃，凡一切不合科学之思想方法，均极端轻视，因此先生从不请教中医，即在旅途中患病，亦绝不破例也。先生性极富政治兴趣，但不盲从任何主义，彼所坚持主张者为政府应为有良心及爱国之好心人，此种'好人政府'之思想，为先生与胡适君于1922年所提倡。所谓好人者，先生之解释亦甚注意廉洁及品格。此点先生奉行维谨，故身后遗产仅有数千元之存款，其夫人之生活尚须依赖保险费之收入也"[1]。

胡适说："在君是为了'求知'而死的，为国家备战而死的，是为了工作不避劳苦而死的。他最适当的墓志铭应该是他最喜欢的句子：明天就死又何妨！只拼命做工，就像你永永不会死一样！"[1]

① 翁文灏.1941.丁文江先生传.地质评论，6（1～2）.

第五章　灵芝长成了森林

　　中国自古就是一个尊重知识的国家，公元7世纪出现了一种以知识为衡量标准的国家考试制度，那就是科举制，比现在的公务员考试难度大多了。古代书呆子们苦读圣贤书讲究的是"学而优则仕"，啥是"仕"？仕就是当官儿。在中国当官儿不太需要懂得如何对付外面的世界，可一定得学会怎么对付人。所以一两千年来无论太学、国子监或岳麓书院都和现在的清华、北大这样的大学不一样，古时候没有老师会教你自然科学知识。现代意义的大学在19世纪中后期出现在华夏大地上，一批批具有科学思想、学贯中西的谦谦君子走进了中国历史，从此"灵芝生了，新生命来了"。

如今大学教育在中国已经非常普遍，每年考进大学的小丫头、小伙子有数百万之多，估计早就在全世界排第一了。考大学也是所有家长最关心不过的事情，孩子如果考上大学，家长的心里马上乐开了花，如果孩子考上了北大或清华，那家长的假牙肯定就会笑掉地上。

中国自古就是一个具有良好教育风气的国家，从古代全家人凑足了盘缠，烙上几斤糖饼让犬子进京赶考，到如今满头大汗送"小公主"、"小皇帝"每年大夏天参加的两天高考，本质上都是一回事，都是望子成龙，希望城门口贴的皇榜上写着犬子的大名，或者楼门口的邮箱里发现某大学寄来的录取通知书，这样的事情在中国延续了千百年。

不过话又说回来了，古代进京赶考和现在大夏天的两天高考还是有不一样的地方。古代科举考试主要的科目应该是帖经、策问、诗赋等，帖经怎么考法呢？这个有点像现在的填空题，考官把某圣贤的一首诗，或者像《大学》、《礼记》、《论语》等圣贤书里一小节写在卷子上，学生要把这首诗或这一节前后的文字写出来。策问是考官出题，学生做答，有点现在论述题的意思。诗赋就是做一首诗或赋。而现在的高考，考试科目是数学、物理、化学、历史、地理、语文等，虽然卷子在形式上和古代都差不多，但内容就差老鼻子了，读的书也完全是两码事。要是现在的学生考帖经、策问，那肯定全考糊，彻底砸锅。如今盛行的高考补习班如果交了钱，补习班里让你猛背《大学》、《中庸》和《唐诗三百首》，那不但交的钱要退，补习班的老师也肯定会遭到愤怒家长们的"群殴"。

其实现在无论是小学（elementary school）、中学（high school）还是大学（university），从形式到内容基本都来自西方。古代中国那套学习方式和内容已经在 100 多年前退出了历史舞台，读书人写文章的基本套路也彻底改变。现在如果有谁还用文言文写文章、织围脖，不但能看懂的人不多，作者估计不是瞬间被板砖拍死，就是被叫做老腐朽。

1905 年，慈禧老奶奶一声令下，把中国实行了 1500 年的科举制给废了，各类新学兴起。所谓新学就是学习西方办学方式的学校，因为在中国还是个新鲜事，所以称为新学。不过在科举制被废除以前好几十年，也就是19世纪中期，新学就已经出现，像严复读书的福建船政学堂，还有北京同文馆等。只不过新学的兴起并不那么顺利，从古代传统走进今天这样的小学、中学和大学的路是极其艰难的，想从那条在历史长河中游荡了上千年的大船里爬出来，让学校的风格作一次脱胎换骨的改变，可不像辛亥革命剪了大辫子，或者把长袍马褂换成西装那么容易。

洋务运动中出现新型学校，是因为那时候洋人拿着来复枪欺负咱们这些还在玩大刀长矛的中国人，那时中国人手里最多有几杆火铳。宋朝就发明了火铳，1000多年来没人想起在枪管里刻上几条线，开一枪，枪子儿不知打哪儿去了不说，开完一枪以后还要忙乎好几分钟才能放第二枪，根本别想和英国人拿的来复枪比。于是出于"以夷攻夷、以夷款夷，师夷之长技以制夷"的想法，想尽快学会造英国人的来复枪等，以达到"以夷制夷"的目的。于是这些新型学校开大价钱请来洋教授，开始向学生教授各种来自西方的学问，并且培养出中国第一批具有近代科学常识的学生，其中就有严复。

而这个时代西方许多大学已经建立了好几个世纪，比如在欧洲被称为大学之母的意大利博洛尼亚大学建立于11世纪；12～13世纪建立的大学有英国的牛津大学、剑桥大学，法国的邦索大学，还有伽利略当过教授的意大利帕多瓦大学等；14世纪有德国的海德堡大学、捷克的布拉格大学、波兰的克拉科夫大学；美国的哈佛大学也比中国最早建立的北洋大学堂大200多岁。世界上许多伟大的科学家，比如哥白尼、伽利略、牛顿、达尔文等也都是这些大学培养出来的。而19世纪末到20世纪初中国却还没有自己开办综合性大学的任何经验，也没有老师，自然科学课程的老师几乎都来自外国，起码也是日本人。而且那时的大学还是沿袭传统的教育方式，和太学、岳麓书院或私塾里的教育方法没有啥区别，不许男女同校不说，大学生们每天依然要晃着脑袋大声朗读："子曰：学而时习之，不亦说乎？"玩的基本还是四书五经里那点玩意儿。费正清在评价当时的北大时说："20世纪初，北京大学的学生主要是官吏，授予极为有限的现代课程，但在辛亥革命前，对他们的成就评价极低。学生质量参差不齐。这些人的思想仍牢固地扎根在旧式文官考试制度中，他们把在新学堂的学历当做通向另一种资格的台阶，从而使学堂以颓废文明。"[1] 这样的大学显然培养不出严复，更别想培养出牛顿和达尔文了，这样的大学必须改革。

辛亥革命以后，京师大学堂改名为北京大学，严复被任命为首任校长。严复这个没走过科举正途、一肚子洋墨水、被人说成鸦片烟鬼的人，做梦也没想到能当上北大校长这么体面的官，于是满心欢喜地走马上任。可没想到的是，这个满脑袋洋学问的大校长，却因为课程设置问题与保守派发生冲突，于是以事"龃龉"[2]（这个词《现代汉语词典》的解释：（书）动 ①咬；啮。②忌恨；倾轧）愤然辞职。严老先生在北大一共没待几天的时间。

严复怎么这么沉不住气，因为课程设置有不同意见，就愤然把一个堂堂北京大学校长的职位辞掉不干了呢？眼瞧着几百块白花花的袁大头不拿，严复跟钱有仇？这还真不是钱的问题，其中还有比钱更要命、更加根深蒂固的原因。

中国的传统教育，无论是不是"学而优则仕"，是不是想从一个乡下穷小子变成个体面的小官吏，学习的内容都是正心、修身、齐家、治国、平天下，以及仁、义、礼、智、信等；学习的态度讲究"两耳不闻窗外事，一心只读圣贤书"；学习的目的是饱读诗书，然后成为一个谦谦君子。这也没有什么错，走入仕途以前的中国读书人基本个个都是谦谦君子，可是一旦做了官，剩下的谦谦君子就没几个了，倒有可能混个脑满肠肥。这是为什么呢？那就是几千年来，私塾或岳麓书院里的教书先生们忘了教孩子一些事情，啥事情呢？那就是抬起眼睛去看窗外。像傅斯年先生在批评他的好友俞平伯时说的那样："又误于国文，一成'文人'，便脱离了这个真的世界而入一梦的世界。"[3] 窗外有啥好看的？啥是真的世界呢？窗外的真实世界那可是丰富多彩的，

① 费正清，费维恺.1994.剑桥中华民国史.下卷.北京：中国社会科学出版社.
② 本杰明·史华慈.1990.寻求富强——严复与西方.叶凤美译.南京：江苏人民出版社.
③ 王汎森，潘光哲，吴政上.2011.傅斯年遗札.台北："中央研究院"历史语言研究所.

窗外可能是天上的星星、满地长着的小草或在草地上的那棵苹果树。而西方的教育，尤其是文艺复兴以后的教育，无论是不是带有基督教的影响，都培养出了哥白尼、伽利略、林奈还有牛顿这些对天上的星星、吊灯的摆动、花园里的小草儿还有从树上掉下来的苹果感兴趣、对这些完全属于窗外、属于眼前的世界、属于大自然的事情充满无限好奇的学者。这种知识的积累加上好奇心可以让学生了解解决实际问题的方法，于是科学也就从这些人中间诞生，这些贪玩的大玩家也都成为开科学之先河、大名鼎鼎的科学家了。

　　而那时中国的读书人对大自然的科学还是一窍不通，饱读诗书而来的正心、修身、齐家、治国、平天下的理想虽然一点错都没有，但是读书人一个个两耳不闻窗外事，除了会摇头摆尾地念叨"君子和而不同，小人同而不和"，对大自然却没有一点点好奇。虽然中国自古就有"天人合一"的哲学思想，但"天人合一"里的"天"并非我们可以看到的属于广袤之宇宙、属于大自然的天，而是指向人的内心，至于白天天为什么是湛蓝的，夜里天上为什么群星灿烂，大地之上庄稼是怎么长出来的，韭菜和麦子怎么区分，这些还是和几千年前一样，基本没人关心，甚至以四体不勤、五谷不分为荣。读书人的思维与大自然毫无交流，书呆子们成天交流的仍然是那些根本说不清的"恍兮惚兮，惚兮恍兮"的神德天道，这样教育出来的学者哪里会产生啥科学思维呢？可是，那时欧洲的洋人却了解到科学思维是解决现实问题唯一的钥匙，不懂得科学思维的中国读书人，做官以后仍然找不到解决现实问题的办法，于是官越做越完蛋，就剩下一副好下水，一个个吃得脑满肠肥。

　　西方的洋人在文艺复兴以后的几百年里发现了科学的奥秘，并且用在了解决实际问题之上。1840年，一帮扛着来复枪、开着巡洋舰的英国大兵闯进了中国，中国的神德天道被西方列强用科学造出来的洋枪洋炮给欺负了。这下子极端鄙视洋人，把洋人叫做西夷，洋玩意儿叫做奇技淫巧的大清朝皇帝也毛了手脚，赶快让曾国藩、李鸿章他们开办新式学校，想把洋人的奇技淫巧赶快学到手。北京大学的前身京师大学堂就是光绪皇帝下诏于1898年开办的，开办以后一方面缺乏经验，一方面缺乏人才，虽然请了洋人做老师，但结果还是和过去的太学、岳麓书院一样，没有多大的改变。胡适都说过，北大是太学的延续，胡适这话肯定不都是夸北大。辛亥革命成功以后，1912年京师大学堂改名为国立北京大学，名字是改了，可学校里那帮人还在，他们没改。这些人不管是教授、讲师还是助教，和严复这个灌了一肚子洋墨水儿的校长想法肯定不一样。严复就任北京大学校长以后，满怀希望地想把自己在外国学到的统统教给学生们。可没想到他错了，那时候虽然到处都开办了各种新式学校，但抱着解救华夏于列强水火之中，只有靠尧舜之道、儒家之学这种极端保守观念的人还大有人在，尧舜和儒家之道还是新式学校里最主要的思想基础。你严复一个从外国跑回来，连个进士都没考上的狗屁校长、鸦片烟鬼，谁会听你的课程设置呢？严复争不过他们，于是觉得不如回家去翻译他的书更好玩，不辞职还等啥？

不过别着急，好在那会儿大清朝派到外国喝洋墨水儿的人不止严复一个，虽然走了个严复，同样抱着科学救国、教育救国理想，也同样具有科学思想的留学生还有。1912年，袁世凯就任中华民国临时政府大总统以后，中国自古以来第一代新型的政府机构逐渐建立。蔡元培（1868～1940）受邀担任了北洋政府的教育总长，上任以后马上提出一系列全新的教育改革措施：采用西方教育制度，废止祀孔读经，实行男女同校，"大学为纯粹研究学问之机关，不可视为养成资格之所，亦不可视为贩卖知识之所。学者当有研究学问之兴趣，尤当养成学问家之人格"①。按照蔡元培的教育方针，北洋政府教育部在1913年颁布了一部"壬子癸丑学制"和《大学令》。"壬子癸丑学制"就是现在大家都习以为常的小孩子6岁上小学，然后是初中、高中，直到23或24岁大学毕业的国家教育制度；而《大学令》中的第一款："大学以教授高深学问，养成硕学闳才，应国家需要为宗旨。"《大学令》规定，大学里的高等教育由文学院和理学院实施，另设商、法、医、农、

---

① 蔡元培. 2010. 新人生观：蔡元培随笔. 北京：北京大学出版社.

工等职业学科。①蔡元培上任后实行的这些，彻底让老朽们闭嘴了。

科举制废了还没几年，北大的老朽们刚"觭龀"走一个严复，全中国的书呆子们还没从尧舜、儒家之道中反应过来，怎么就会冒出一个提出"废止祀孔读经，实行男女同校"，如此大逆不道的教育方案和办学宗旨的蔡元培呢？难道他是个从天上掉下来的火星人？蔡元培何许人也？蔡元培还真不是什么天上掉下来的火星人，不但不是，他还是大清朝满腹经纶、学富五车、牛得不行的一翰林。蔡元培和大禹、勾践、范蠡、王充、范仲淹、王羲之、陆游、鲁迅，还有西施、祝英台、曹娥是老乡，都是浙江绍兴人士。1868年蔡元培出生在绍兴山阴县一个钱庄大掌柜家庭，他15岁考取秀才，22岁中进士，授翰林院编修。所谓编修就是和纪晓岚一样，在翰林院里帮着皇帝整理整理旧书。翰林院编修虽然不是啥大官（应该只有七品），可这些人上班的地方就在皇帝和当朝大臣们身边，清朝的翰林院就在今天天安门对面国家博物馆的位置，翰林们泡妞泡的可能都是宫女。所以翰林院编修官虽小，一旦得到皇帝或哪位大臣的赞许推荐，就有升官发财的机会，除了被电视剧捧得红得发紫的纪晓岚，像曾国藩、张之洞、李鸿章、沈葆桢这些在洋务运动里叱咤风云的真英雄，都出自翰林院。

蔡元培这个翰林和一般的翰林不太一样，他没有纪晓岚那样的铁嘴铜牙，没事就爱给皇帝提一点刁钻的难题，可蔡元培也不太安分，愿意接受新鲜事儿，其实就是一个有点淘气的翰林。那时的翰林院和纪晓岚时代已经不一样，里面除了有纪晓岚用来编纂《四库全书》的宋元明古籍善本，来自西方的新学书籍比以前更多、更丰富了。另外蔡元培时的翰林院已经是中日甲午海战以后、维新运动兴起的时代，他接触到很多维新派的言论，这个不安分又淘气的翰林，顿时被那些新书和维新变法思想给吸引住了。就像如今已经在国务院大院上班的公务员，这么难得又是铁饭碗的工作，蔡元培完全可以就此安身立命，说不定哪天还可以平步青云，可没想到1898年戊戌变法被慈禧剿灭，他最尊敬的维新派人物谭嗣同在菜市口被砍了头，这让蔡元培大为失

---

① 费正清，费维恺.1994.剑桥中华民国史.下卷.北京：中国社会科学出版社.

望，从此这个淘气的翰林对大清朝完全失去了信心，于是决然离开翰林院，政府公务员不当了，回到老家再也不跟清朝玩了。从这以后，蔡元培玩过中国教育会、爱国学社、爱国女校；组织过光复会，参加过同盟会。不过这些经历无论玩得多牛，都不如他在1907～1920年三赴欧洲，主要是德国的经历，因为这三次欧洲之行给了他最大的精神动力。

德国有啥灵丹妙药，能成为蔡元培精神动力的源泉呢？如果坐上时光穿梭机，回到19～20世纪第一次世界大战爆发以前的德国，就会发现，那时的德国正可谓如日中天之时，如今如雷贯耳、让人仰慕得五体投地的大批大哲学家、大科学家、大文学家、大音乐家全都出自那里，比如康德以后的哲学家黑格尔、费尔巴哈、马克思、叔本华、尼采；科学家爱因斯坦、普朗克、高斯；文学家席勒、格林兄弟；还有音乐家瓦格纳、勃拉姆斯等。那100多年的时间德国简直成了全世界最牛的地方。蔡元培第一次游学德国是1907年，1911年回国；第二次是1912年夏天，由于和袁世凯政府不和，辞去教育总长以后出游德国，1年后回国；第三次是受北京大学的派遣，于1920年赴欧洲考察。那个时代，正值德国精神从如日中天走向第一次世界大战的失败。在欧洲的经历让蔡元培认识到，教育不但可以产生大学者，也是一个国家富强的基础。那个时代的德国精神深深影响了这个曾经的东方翰林，他感到中国的旧式教育已经不能再玩下去了，"民国教育和君主时代之教育，其不同之点何在？君主时代之教育方针，不从受教育者本体上着想……驱使受教育者迁就他之主义。民国教育方针，应从受教育者本体着想，有如何能力，方能尽如何责任；受如何教育，始能具如何能力"①。于是也就有了"壬子癸丑学制"和《大学令》。哈，原来蔡元培不是从天上掉下来的，而是从德国回来的海归！

从1905年废除科举到1913年发布《大学令》这8年的时间，中国的大学终于艰难地从传统中走出来，而这时已经是如今80后的爷爷们开始闯世界的年代，距离我们已经很近很近。

① 蔡元培.2011.蔡元培自述.北京：人民日报出版社.

1919 年，蒋梦麟（1886～1964，自费海归，哥伦比亚大学教育学博士）任北大校长，同年郭秉文（1880～1969，自费海归，哥伦比亚大学教育学博士）任南京高等师范学校校长，1921 年南京高等师范学校改为国立东南大学。从此，由两个哥伦比亚大学教育学博士当校长的真正的现代型大学伫立在中华大地之上。北边的北大云集了黄侃、辜鸿铭等国粹大师，还有陈独秀、李大钊、胡适等新新学人。东南大学则聚起了一群海归，如杨杏佛、胡刚复、胡先骕、吴宓、任鸿隽、张子高、熊庆来、秉志等。"东南大学一时云蒸霞蔚，四海归附，成为国内首屈一指的学术重镇"①，北大以文科为主，而东南大学则以理科为最强，"东南大学名重一时，甚至超过当时的北京大学"①。

1924 年 3 月，一个温文尔雅的文弱书生走进了东南大学的校园，他被聘为物理系副教授，这个人叫叶企孙（1898～1977）。叶企孙这个名字大多数人并不熟悉，也许根本就没听说过。可是，这个名字在众多中国著名科学家的心里，却像一座山！

叶企孙在东南大学只做了三个学期的物理老师，1925 年夏天他离开南京，走进了清华园。14 年前，13 岁的叶企孙在清华学堂开学典礼上第一次走进这里，7 年以后他从这里离开，漂洋过海去了美国。1925 年，已经在美国获得博士学位的叶企孙又回到了清华园，并从此开始了一段平凡却又不平凡的人生。

叶企孙原名叶鸿眷，是拿着庚子赔款到美国读书的海归。1911 年，叶鸿眷考入当时刚刚从"游美肄业馆"改名为"清华学堂"的留美预备学校，不过由于发生辛亥革命，刚刚开学不久的清华学堂被迫撤销，1913 年他又以叶企孙的名字再次考入恢复后的清华。那时的清华和现在的清华完全不一样，不是一所高等学校，也就是所谓 university，难道清华是中学，high school？也不是！那是什么学校呢？那时的清华学制比较特别，清华学堂章程规定，分为初等和高等两科，各科学程为四年，这是啥规定呢？其实清华包括大学预科，也就是初三到高三，还有大学。而且清华还有个更特别的规定，那就是除了要学习各种

---

① 邢军纪.2010.最后的大师.北京：北京十月文艺出版社.

（包括文科和理科）知识以外，还必须参加体育活动和社会性活动。所谓社会性活动是学生自发创办的社团或兴趣小组，而且体育活动和社会性活动不是说说而已，这两项是要算学分的！叶企孙在清华念书的时候就办过一个叫"科学社"的兴趣小组，这个科学社比任鸿隽他们几个在美国康奈尔大学办的说不定还早点儿。1918年，20岁的叶企孙从清华学堂毕业，开始了5年的留学之旅。

叶企孙到美国以后进入芝加哥大学物理系。芝加哥大学至今都是美国最牛的大学之一。到2007年为止，这个大学冒出来的诺贝尔奖得主就有82位，其中包括杨振宁、李政道等华裔物理学家。而芝加哥大学物理系是牛中又牛的，1907年获得诺贝尔物理学奖的阿尔伯特·迈克尔逊是物理系主任，他在光谱干涉、光速测定和同位素年代测定法等方面的工作做得最牛。这个迈克尔逊特喜欢动手玩，他以创造精密的光学仪器和一系列精确的测量实验而著称，最著名的实验就是迈克尔逊——莫雷实验，这个实验运用他发明的光谱干涉法，否定了宇宙中充满以太的说法（有兴趣可参看笔者的《贪玩的人类》）。爱因斯坦称迈克尔逊是"科学中的艺术家"，并赞扬他"最大的乐趣似乎来自实验本身的优美和所使用方法的精湛"[1]。从把知识的积累过程称为"寒窗"、"苦读"和"乐趣"、"优美"的不同，可以看出对知识态度的不同。

物理有两种玩法，一种是像爱因斯坦或霍金那样的，他们除了需要一张纸和一支笔以外，剩下的就全凭自己的脑袋瓜，属于用脑子玩，学术点儿的说法就是理论物理学家；而像迈克尔逊这样的物理学家，他们还需要一双化腐朽为神奇的灵巧的手，属于动手玩的一类，学术的说法是实验物理学家。别看这些人的双手可能早都被硫酸、火碱烧得皮糙肉厚，可这双手精于各种极其复杂精密的实验，他们要用这双糙手、用实验去证明各种物理学理论，就像米开朗基罗用他的糙手创造出精美雕塑一样。所以爱因斯坦称迈克尔逊是科学中的艺术家。迈克尔逊是第一个获得诺贝尔物理学奖的美国人，而美国第二个和第三

---

① 邢军纪.2010.最后的大师.北京：北京十月文艺出版社.

个诺贝尔物理学奖的获得者，也都出于这位大玩家的门下。

叶企孙 1918 年来到芝加哥大学，是以三年级插班生进入的，1920年，不到两年的时间他就以优异的成绩获得学士学位。叶企孙表面上是个性格沉静的人，他也不是有着灵巧双手的那种人。可是他对自己想玩的事情却极度认真，心中就像烧着一把火。在清华读书时，他写过一篇关于中国古代算学的文章《考正商功》，他的老师梅贻琦看过以后是这样评价的："叶君疑问之作，皆由于原书中……一语之误。然叶君能反覆推测，揭破其误点，且说理之圆足，布置之精密，俱见深心独到之处，至可喜也。"① "商功"是中国古算学《九章算术》里一种计算体积的方法，几千年来没被书呆子们发现的"一语之误"被叶企孙给揭破了，而且还"说理之圆足"地给考证论述一番，可见叶企孙有多大的认真劲儿。而芝加哥大学在物理学和精确实验方面的成就更让这个来自东方的、本来手不是很巧却认真得要命的玩家如鱼得水，两年下来他不但成绩优秀，更重要的是让他了解和学会了物理学与精确实验之间那不可或缺的关系。

1920 年 9 月，获得芝加哥大学学士学位的叶企孙来到马萨诸塞州，进入哈佛大学研究院攻读实验物理学博士。从芝加哥出来，叶企孙就和实验干上了，而且他选择的研究题目是"用 X 射线方法重新测定普朗克常数"，这个实验用现在的话说就是要冲击当时物理学的最高峰，是一个极端前沿的实验研究。普朗克是量子力学的创始人，普朗克常数是打开 20 世纪现代物理学的一把金钥匙。但是，在叶企孙之前，普朗克常数的精确数值还没有测定出来。叶企孙在这个勇攀高峰的实验过程中，肯定不会一帆风顺。在这个过程中，他多次改进和修正实验方法，实验得出了当时最准确的普朗克常数，他与合作者的《用射线方法重新测定普朗克常数》的实验报告得到全世界科学界的赞赏。叶企孙证明：中国人灵巧的双手不光是拿来琢玉的，中国人的手也可以创造出化腐朽为神奇的伟大的物理学家！叶企孙成为当时全世界物理学界的骄傲，他是获得物理学如此殊荣的第一个"完完全全"的中国人。

---

① 参见《清华学报》第二卷第二期，1916 年 6 月 15 日，清华大学图书馆收藏。

1923 年，叶企孙获得哈佛大学博士学位，作为一个已经蜚声哈佛大学的中国学者，他完全可以选择留在美国继续玩更多的物理实验，作更牛的物理学研究，甚至拿诺贝尔物理学奖，但是叶企孙却选择了回国，回国干什么？去当老师。他为什么作出这样的选择呢？这也许与他年轻时代的家教有关。

　　叶企孙和明代著名学者徐光启是老乡，都是上海人。叶企孙出生时的上海和徐光启生活的年代差不多，还不是纸醉金迷、洋楼林立的大上海，而是一座被城墙围着的小小上海城。从现在上海的老西门、大东门、小东门、小南门和城隍庙等地名和位置，还可以想象出那时上海的面貌。从叶家的家谱看，他爷爷叶佳镇大小做过官："佳镇字静远，号澹人，和长子。国子监典簿衔，捐资指分浙江候补知县，历届江苏海运出力，奏报俟补缺，后以同知直隶州知州用，赏给五品封典。"① 说了半天是什么意思呢？如果用现在的公务员来类比，他爷爷只不过相当于县政府里的一个小科长。叶企孙的父亲叶景沄是个读书人，"松江府学廪膳生……中式甲午科江南乡试第十五名举人。派赴日本考察学务。历任本邑养正小学校总教习，敬业小学校校长，龙门师范学校经学国文教员，养正小学校长，北京清华学校国文教员，江苏第三中学校长，上海教育会会长"① 。一个举人，怎么没有走读书做官的仕途，却吃了一辈子粉笔末呢？开始他也和大多数人一样，希望苦读诗书考取功名，还中了举。但叶企孙父亲生活的年代，已经是经过两次鸦片战争、中华民族受尽欺辱的时代，叶景沄清楚地意识到，熟读经书，考取功名已经毫无意义，要中国富强必须另辟蹊径，寻求新的救国之路。什么是新的救国之路呢？那就是新式的教育，就是蔡元培说的"从受教育者本体着想，有如何能力，方能尽如何责任；受如何教育，始能具如何能力"的教育，只有新式教育培养出的人才，才是真的可以救中国于水火的、创造"国之利器"最有效的办法。所以他没有走自己父亲的老路，而是选择了吃粉笔末儿当老师。而叶企孙小时候就是在父亲当过校长的敬业书院里读书，有这样的老爹加校长，

---

① 参见《寿春堂叶氏家谱》，上海图书馆收藏。

教育救国也必定在小小的叶企孙心中留下深刻的印象。

20多年以后，已经在美国成绩卓著的叶企孙，之所以选择回国教书，也是因为他清楚地看到，中国要富强，真的创造"国之利器"，只有他们一两个科学家是不可以的，必须培养更多的科学家、更多的人才方有可能。出于这样的想法，"叶企孙才毅然决定放弃似乎已近在咫尺的科学家桂冠，而选择了当时不可预知而后证明是一条不归之路的沉重的人生"①。

叶企孙这次重回清华园是受梅贻琦（1898～1962）的邀请。梅贻琦是天津人，比叶企孙大9岁，他是第一批庚款留美的学生之一，1914年从美国伍斯特理工学院毕业以后回到北京，1916年在清华任物理学教授，1931年任校长一直到1948年，后来他在台湾创办台湾"清华大学"，直到1962年去世。梅贻琦是一位典型的谦谦君子，他是中国现代教育事业中非常重要的一位启蒙者与奠基人，被称为"清华永远的校长"。他在清华当教授时，正是叶企孙再次考取清华，在清华读书的时候，梅贻琦就成了他的数学和物理老师，这两门课又是叶企孙最喜欢的。梅贻琦十分喜欢叶企孙的认真和勤奋好学，而叶企孙也对恩师的谦谦君子风度和深厚的学问非常敬佩，师生之间的友谊从此开始。

1925年清华作为一个留美预备学校已经走过了十几年的时间，此时梅贻琦开始酝酿清华改制的事情，他要把清华办成一所真正意义上的现代大学，这样就必须把作为一个留美预备学校的清华的物理科、化学科等改为和西方大学一样的物理系、化学系。要想办一所牛的大学，首先要有牛的教授，在为将来的物理系招聘人才时，梅贻琦第一个想到的就是他多年前的学生，那个能认真地从《九章算术》的"商功"里挑出"一语之误"的叶企孙。恩师邀请自己，而且又是回到母校，叶企孙哪里能推辞，而且他不但自己去了清华，还把东南大学的两个高徒赵忠尧、施汝为（他们两位都是中国现代物理学的大师和奠基人）也一起带到了清华。于是在1925年8月，小荷才露尖尖角，叶企孙再一次走进离别了7年的清华园，从此开始了他当老师的一生。

---

① 邢军纪. 2010. 最后的大师. 北京：北京十月文艺出版社.

他就像一个贪玩的孩子王，带着一群和他一样贪玩的孩子们，用自己心中的好奇、智慧，以及他优秀的品格，开始了中国的读书人从未玩过的游戏——物理学。

　　叶企孙不是个心灵手巧的人，却可以把各种精密的物理学实验玩得非常牛，从外表上看叶企孙不苟言笑，说话还有点口吃，他却是一个具有优秀品格的、真正的谦谦君子。不是心灵手巧、说话还带点口吃的叶老师，能教出啥样儿的学生呢？看看下面就知道了。

　　赵忠尧：中国核物理、中子物理、加速器和宇宙线研究的先驱和启蒙者。1924 年毕业于东南大学物理系。

　　施汝为：物理学家，中国近代磁学的奠基者和开拓者之一，建立了中国首个磁学实验室。1925 年毕业于东南大学物理系。

　　柳大纲：物理化学、无机化学家。1925 年毕业于东南大学化学系。

　　李善邦：地震学家，中国地震科学事业的开创者，最早的地震地球物理学家之一。1925 年毕业于东南大学物理系。

　　王淦昌：核物理学家，中国惯性约束核聚变研究的奠基者。1929 年毕业于清华物理系。

　　施士元：当代中国核物理学家、教育家，被称为"中国的居里夫人"的吴健雄的导师。1929 年毕业于清华物理系。

　　赵九章：著名气象学家、地球物理学家和空间物理学家。1933 年毕业于清华物理系。

　　彭桓武：理论物理学家。1935 年毕业于清华物理系。

　　王竹溪：物理学家、教育家，热力学统计物理研究的开拓者。1935 年清华物理系研究生毕业。

　　王大珩：光学专家，中国光学界的重要学术奠基人、开拓者和组织领导者。1936 年毕业于清华物理系。

　　林家翘：数学家，在流体力学、应用数学领域享誉国际学术界，美国加州理工大学教授。1937 年毕业于清华物理系。

　　钱伟长：中国近代力学之父。1937 年清华物理系研究生毕业。

　　钱三强：中国"两弹一星"元勋，核物理和核武器的奠基人。1936 年清华物理系毕业。

杨振宁：从事统计物理、粒子物理理论和量子场理论等方面工作的物理学家，诺贝尔物理学奖获得者。1944年西南联大物理系研究生毕业。

李政道：从事量子场论、基本粒子理论、核物理、统计力学、流体力学、天体物理等方面的工作，诺贝尔物理学奖获得者。1945年进入清华物理系。

熊大缜：1932年进入清华物理系，1936年毕业，1938年到冀中游击区参加抗战，研制出连日本人都怕得要命的高爆炸药，1939年被诬为国民党特务，含冤被杀。

这个名单还可以继续列下去，名单中的人有些可能如雷贯耳，有些耳熟能详，有些可能不知道，无论咋样，他们都是中国甚至世界科学界大师级人物，而且都曾受教于这位口吃的叶老师，都是从叶老师那里走出去的。

叶企孙何德何能，可以在光绪走了没几年（光绪皇帝和老佛爷是1908年走的），中国迂腐的读书人刚刚从科举里走出来，整个中国还处于硝烟之中的时候，培养出这么多的科学家，而且这些科学家，那学问大得到现在也没几个人敢叫板，他都教学生啥灵丹妙药了呢？

李善邦在《我的履历》里这样写道："1921年（秋）～1925年（夏）：南京东南大学物理系读书，当时叶企孙是我的力学老师。后来他介绍我到地质调查所研究地震。"[1] 也就是说叶企孙在东南大学教书的那三个学期，不过教了李善邦力学。力学在如今初中就开始学，现在大多数学生，估计学完以后过不了多久，啥牛顿三大定律都就着大米饭给吃了。而从叶企孙那里学了力学的李善邦，后来成了"中国地震科学事业的开创者，最早的地震地球物理学家之一"。这就与他履历里后面一句话"后来他介绍我到地质调查所研究地震"有关系了，原来叶企孙不光教会了李善邦力学，他还是李善邦的伯乐（关于这个故事请参看本书第十一章）。

这是在东南大学，那时叶企孙刚刚开始当老师，到清华以后又会怎么样呢？

---

[1] 摘自李善邦《我的履历》，私人收藏。

1929 年从清华物理系毕业的施士元这样回忆："叶先生亲自上课。他担任的课与学生同步升级。我在一年级，他教一年级的普通物理。我升到二年级，他教二年级的电磁学。我升到三年级，他教三年级的光学。我升到四年级，他带我的毕业论文。……叶先生教课很认真。遇到难度较大的地方，他进行重点解释，有时提问启发学生的思考。他有点口吃，但这不影响他的教学效果。……"如此多的课，又如此认真，中国有句老话"言传身教"，这样的老师就是灵丹妙药！后来成为"中国居里夫人"的吴健雄的导师施士元先生，就是吃了这副能受用一辈子的灵丹妙药。

除了教人以学业，叶企孙更没有忘记自己的使命。1926 年 3 月，北京曾发生过一场学生的抗议活动，王淦昌去参加了，没想到军警向手无寸铁的学生开枪，很多学生牺牲。王淦昌回到学校，把事情告诉叶老师，后来的情景他回忆道："他听后神色激动地盯着我说：'谁让你们去的?! 你明白自己的使命吗？一个国家，一个民族，为什么挨打？为什么落后？你们明白吗？如果我们的国家有大唐帝国那般的强盛，这个世界上有谁敢欺负我们？一个国家与一个人一样，弱肉强食是亘古不变的法则，要想我们的国家不遭到外国人的凌辱，就只有靠科学！科学，只有科学才能拯救我们的民族……'说罢泪下如雨。叶师的爱国激情，他对科学救国这种远见卓识，他对青年学生所寄托的厚望深情，深深地感染了我。爱国与科学紧密相关，从此成为我们生命中最最重要的东西，决定了我毕生的道路。"[1] 被这个口吃，但是爱国、爱学生的老师教出来的王淦昌，就是 1964 年 10 月 16 日中国第一颗原子弹爆炸成功的大元勋，我国核武器研究的领袖人物之一，他被称为"中国原子弹之父"。

当然这一切并非叶企孙一个人的发明，清华不光有个口吃的叶老师，清华还有很多教授，他们都以梅贻琦倡导的所谓通才教育方针，培养着自己的学子们。什么叫通才教育呢？梅贻琦是这样解释的："今日而言学问，不能出自然科学、社会科学与人文科学三大部分；曰通

① 邢军纪 . 2010 最后的大师 . 北京：北京十月文艺出版社 .

识者，亦曰学子对此三大部门，均有相当准备而已。""大学致力于知、情、志之陶冶者也，以言知，则有博约之原则在，以言情，则有载节之原则也，以言志，则有持养之原则在，秉此三者而求其所谓'无所不思，无所不言'，则荡放之弊又安从丽乘之？"① 和当年孔夫子"两耳不闻窗外事，一心只读圣贤书"的教育不一样的是，梅贻琦和叶企孙这些教授们希望从清华走出去的是文理兼通、学贯中西，对窗外的世界和大自然懂得判断、懂得思考的学者。而与孔夫子的教育完全一样的是，梅贻琦和叶企孙他们最终的目的是，培养具有优美品格的谦谦君子和绅士，这或许也是梁启超为清华所做校训"自强不息、厚德载物"的初衷。

后来有人把清华的学子们叫做"灵芝"。灵芝是一种菌类，是一种名贵的中药材，据说具有神奇的功效，所以大家又把它称为灵芝草、神芝、芝草、仙草、瑞芝、瑞草等。对灵芝美好的期望，其实就是对清华学子们的期望。

著名诗人闻一多先生是 1912 年考入清华学堂的，在他的一首诗《园内》中写道：

> 好了！新生命胎动了，
> 寂寥的园内生了瑞芝，
> 紫的灵芝，白的灵芝，
> 妆点了神秘的芜园。
> 灵芝生了，新生命来了！
> ……

树多了就会成为森林，而灵芝多了也可以成林，这是很奇妙的。不过如此奇妙的事情的确发生了，就在清华。清华长出的灵芝成了林，这其中沁透着梅贻琦、叶企孙、吴有训、周培源、赵忠尧、施汝为等老师们的汗水和心血，所以许许多多著名的科学家、文学家和诗人都记着他们，大家也应该记住他们！

---

① 梅贻琦. 2004. 大学一解. 梁启超，蔡元培，等. 大学的精神. 北京：北京友谊出版公司.

大学致力于知、情、志之陶冶者也……束此三者而求其所谓"无所不思,无所不言,……

第六章　缪斯来到中国

　　谁也不会把神话故事里的王母娘娘、何仙姑啥的和科学家挂起钩来，不过玩科学史的学者却发现，神话和科学以前其实是兄弟，而且神话还是科学的老大哥。这话应该没有错，因为神话和科学一样，都是出于人类对大自然的好奇，是求知的结果。古希腊的学者肯定更认同这个说法，那个走出了欧几里得、阿基米德等众多著名科学家的地方，名字叫做缪塞昂，缪塞昂的意思就是缪斯女神的宫殿。从1928年4月开始，中国也有了一个和缪塞昂一样的地方，那就是国立中央研究院。科学之光也从那时起洒满华夏大地。

读过希腊神话故事的都知道，那里面的神仙超级多，而且各路神仙分工明确，各司其职，掌管着天上人间的各种事物。比如宙斯，他是众神之王，是奥林匹斯山的统治者，专管天界里的事情；太阳神阿波罗，是光明之神、预言之神，管着光明、青春和音乐；漂亮的女神雅典娜，她喜欢戴头盔，虽然是个女的，可她是战神，专门管雷电和乌云。有个倒霉的神，他叫普罗米修斯，他曾经也是个大英雄，是伟大的先知，但是因为给人类盗取了天上的火种，被众神之王宙斯锁在高加索山上，还让老鹰啄食他的肝脏，成了一个伟大的殉难者。

此外还有个神，这个神管的事情就更多了，其中包括英雄史诗、悲剧、喜剧、抒情诗、颂歌、舞蹈、长笛、历史和天文等。这么多事儿一个神仙管得过来吗？确实管不太过来，不过别急，这个神不是单个的，是个神仙小分队，小分队里有九个神仙，而且都是女神，据说这九个女神都是众神之王宙斯的女儿。古希腊的神仙和咱们中国人信的神风格不大一样，中国的神仙一般都不食人间烟火，十分圣洁，更不会像咱草民浑身坏毛病，比如喝酒、吃肉、泡妞啥的，没听说过雷公、电母还玩过偷情、第三者插足之类的故事。可古希腊的神不是这样，他们除了身怀一身绝技，其他和咱老百姓似乎也差不了太多，吃不吃肉不敢说，不过他们肯定是七情六欲一个都不缺。宙斯就是一个泡妞高手，娶过不知多少个太太，所以他的孩子也特多，光女儿就不知有多少。宙斯这九个女儿都各自有自己的名字，也许因为单个名字不好记，所以这个小分队有一个响亮的统一名称——缪斯，也有人把缪斯叫做智慧女神。

扯了半天闲篇，说了半天神仙，难道天上的神仙也和这本书里说的玩科学的人有关系吗？中国的神仙和科学有没有关系，一时说不太清楚，不过古希腊这几个漂亮的女神和科学确实有点关系。这是咋回事呢？话说古代的埃及，在公元前 4 世纪，当时埃及被古希腊一个叫托勒密的王朝统治着。托勒密是谁？他是古希腊威猛的亚历山大大帝手下一名将领，亚历山大去世以后，他就成了埃及的统治者。托勒密和亚历山大大帝一样，都是古希腊伟大的哲学家、百科全书式的学者亚里士多德的学生，所以托勒密也是一个对自然极其着迷、喜欢玩点科学的玩家。在统治埃及期间，托勒密在地中海边上一个叫亚历山大城的地方建立了一个"缪赛昂"。什么是缪赛昂？缪赛昂不是斗兽场，也不是游乐园，倒是有点像现在的科技馆或博物馆，缪赛昂应该算是人类历史上第一个综合性的科学机构，缪赛昂里面有动物园、植物园、天文台、各种实验室及图书馆。为啥要叫缪赛昂呢？这个名字就来自前面说的那几个漂亮的缪斯女神，因为缪斯是掌管智慧、艺术与科学的女神，这样的地方能不把她们请来吗？缪赛昂的意思就是缪斯的宫殿，多美妙的名字！

亚历山大的缪赛昂里最著名的地方，就是巨大的亚历山大图书馆，这个图书馆藏书70万册，这么多藏书现在不算啥，可2500年前有这么多书的地方全世界只此一家。而且那时候印刷术还没有被伟大的中国人民发明，亚历山大图书馆所有的书都是抄在莎草纸或羊皮卷上的，70万卷莎草纸和羊皮卷，那可比我们的宋版善本珍贵多了！值老钱了！索斯比、嘉德或"淘宝"节目里至今还没出现过缪赛昂里的书，一旦有缪赛昂里的书出现在拍卖会上，那估计得按页数拍卖。还有个更牛的事情，那就是被称为古希腊三大数学家的欧几里得、阿波罗尼和阿基米德都出自这个缪赛昂。这么牛的一个地方叫缪塞昂，可见希腊神话里，起码宙斯那九个漂亮闺女和科学是很有关系的。

不过科学不像神话里的神仙，神仙即使干了坏事，也没人敢和神仙较劲。科学可不是这样，科学更不是一家之言，科学是需要争论，需要吵架的，或者叫百家争鸣。当古希腊缪赛昂里的先贤们正在高声争论着宇宙和数学，或者理念与形式到底有啥关系的时候，在地中海东边好几千公里以外，咱们中国的圣贤们也在干着同样的事情。虽然那时候中国没有缪斯女神，也没有缪赛昂，但是中国有一帮和古希腊贤人脾气差不多的诸子百家，他们也在为各自的伟大理想而争论着。不过，随着时间的推移，争论的声音慢慢变小了，越来越小，到后来好像有个人下了道口令："预备齐，停！"结果无论古希腊还是中国，那些指着对方鼻子、争得面红耳赤的人都不说话，闭嘴了！咋回事？西方黑暗的中世纪来了，中国那个时候被历史学家叫做封建社会……

就这样一年过去了，两年过去了，10年、100年、1000年过去了……埃及亚历山大的缪塞昂再也没人提了，植物园估计变成椰枣市场了，因为埃及盛产椰枣，图书馆被凯撒大帝一不小心一把火烧了；中国呢？秦始皇一声令下"焚书坑儒"，圣贤书给烧了，后来百家也给废黜，就剩下一家。在后来的1000多年里，大多数西方人都对着《圣经》顶礼膜拜，中国的私塾里则传出一阵阵"子曰学而时习之"、"人之初，性本善。性相近，习相远"的琅琅读书声，凡事大家不是在《圣经》里就是在中国的儒家圣贤书里寻找最佳答案，再也没人吵架玩了，就这样到了13世纪。

这时有个人写了本书，他说他发现了人犯错误的四个原因，啥原因呢？第一是过分崇拜权威，第二是习惯，第三是偏见，第四是对知识的自负。这人是谁？他的名字叫罗吉尔·培根（Roger Bacon，1214～1294），他的这几句话敲响了文艺复兴的钟声。文艺复兴是人类历史上一次巨大的变革，不过这个变革和农民起义或者辛亥革命不一样，文艺复兴不动枪不动炮，而是一场延续了几百年的、静悄悄的几乎无法察觉的变化，这场变化的结果之一就是把古希腊的科学之光在欧洲再次点燃，坚冰一样的中世纪开始融化了，整个欧洲从此在科学之光的照耀之下。1660年，英国皇家学会成立了；1666年，法国科学院成立了；1724年，俄罗斯科学院也成立了。古希腊缪赛昂里消失了1000多年的争论之声，又在欧洲大地上再次响起。

那中国咋样了呢？在各位伟大儒家圣贤庇护下的中国，不久以后也听说了西方发生的故事。400多年前（大约是从1583年开始），从珠江口边上一个叫澳门的小岛，爬上来一帮传教士，这些传教士不光带来了他们信仰的耶稣基督，也把当时西方刚刚冒出来的科学带来了。只不过由于传教士固执己见，带来的还不是全部，比如他们对哥白尼的日心说仍然充满疑虑，所以当时带进中国的天文学也就成了第谷（第谷承认地球是绕着太阳转的，可他又说，宇宙里其他星星还是围着地球转，这个说法不得罪上帝）和哥白尼的混合体，当然传教士也没忘了把伽利略刚刚发明的望远镜带来。

可有点遗憾的是，200多年过去了。这200多年科学在西方突飞猛进，火车满处跑，电报满天飞，可中国却还迈着慢腾腾的方步，一步一摇地没走出去多远。大多数读惯了儒家圣贤书的中国迂腐文人，只知道看着传教士带来那些奇技淫巧发呆，还没人知道这些玩意到底能派上啥用场。英国人在前门修了一小节铁路，火车一叫，吓得大家以为来了妖魔鬼怪；挖坑埋电线杆、架电话线就更没可能了，地底下的老祖宗会生气的。不过没过多久大家就都明白这些奇技淫巧有啥用处了，1840 年英国人来了，这次他们带来的不是逗你玩的望远镜，而是能打死人的来复枪，鸦片战争的枪声终于把古老的中国惊醒。第二次鸦片战争以后，不甘被列强欺辱的中国人终于醒来，曾国藩、李鸿章，还有很多人，他们迅速行动起来，建立新式学校，开办新式工厂，送出一批批留学生，伟大的洋务运动来了。洋务运动开始时成绩斐然，在第二次鸦片战争结束后没多久，中国人自己就会造来复枪，甚至巡洋舰了。不过那时大家只看到科学如此有用的一面，还不太明白科学到底来自何方。1894 年，中国造的坚船利炮却没有打过小日本，这时候大家才发现，科学还有另一面，另一面是什么？另一面就是科学思想，没有科学思想的坚船利炮仍然要吃败仗。这时候严复来了，他告诉大家，科学也是属于中国人自己的，中国也可以有自己的缪赛昂。

　　1914 年，在美国读书的几个中国留学生在康奈尔大学组成了中国第一个科学组织——科学社（见第二章）。在后来的十几年，科学社成为推动中国科学事业的主力军，"科学社的目标不仅在于'促进科学，鼓励工业，统一翻译术语，传播知识'，而且它希望用十字军的热情通过科学最终再造中国的整个社会和文化"①。科学社 1915 年创办了《科学》月刊，后来又创办了《科学画报》、《科学译丛》；1922 年，秉志、胡先骕、钱崇澍、杨杏佛等人在南京创办了中国科学社生物研究所；1928 年，他们在北京创办了北京静生生物调查所。到了 20 世纪 30 年代，科学社的粉丝已经成千上万。科学社促进了科学思想在中国广泛传播，不过科学社却和古希腊的缪赛昂、英国皇家学会、法国科学院有点不一样。怎么不一样呢？缪赛昂是由古希腊的托勒密王朝开办的，是受到皇帝支持的正规军，英国是皇家的，法国是国家科学院，而中

---

① 费正清，费维恺.1994.剑桥中华民国史.北京：中国社会科学出版社.

国科学社只是一群希望用科学再造中国文化的人办起来的，即使他们一个个都是科学精英，都具有英勇无畏的十字军精神，但充其量还是杂牌军，所以这时的中国仍然没有缪赛昂，九位漂亮的缪斯女神还没来到中国。

那缪斯女神会来到中国吗？能来！什么时候能来呢？1928年的4月10日，中华民国政府颁布《修正国立中央研究院组织条例》，4月23日任命蔡元培为国立中央研究院院长，中国科学的正规军终于来了，缪斯女神在华夏大地翩然降落。

国立中央研究院的建立，并不是哪位圣人送给中国人的礼物，国立中央研究院的建立是要感谢那些卓绝的前辈的。卓绝的前辈们都是谁呢？"建立国家研究院的计划在1927年，最初由蔡元培、张人杰（张静江）和李石曾讨论过，他们都是在现代教育界服务有年的国民党元老。他们的共同目标，是在中国创立多年前蔡在德国受到如此强烈印象的政府资助的高水平研究模式。"① 又是这个蔡元培，蔡元培哪儿来的这么大劲头儿呢？他的劲头儿就是来自前一章说的，他三赴德国获取的精神动力。

国立中央研究院是一个政府的科学组织，本身不是玩科学搞研究的，它的任务是建立真正做学术、玩科学的研究机构，培养科学人才，为国家需要服务。国立中央研究院建立以后，很快就拥有了物理研究所（1928年）、化学研究所（1928年）、天文研究所（1928年）、气象研究所（1928年）、地质研究所（1928年）、工程研究所（1928年）、心理研究所（1928年）、历史语言研究所（1928年）和动植物研究所（1929年）等。中国有史以来第一批官办的科学研究所纷纷建立。这些研究所之所以可以这么迅速地建立起来，这都要感谢任鸿隽他们几个玩出来的科学社，是科学社从1914年开始坚持不懈的努力，他们不但以十字军式的热情传播科学思想，同时把科学的种子播撒在中国大地之上。国立中央研究院建立的各个研究所都是在科学社打下的基础之上，更上一层楼。自从官办的缪赛昂出现在古希腊2000多年以后，中

---

① 费正清，费维恺．1994．剑桥中华民国史．北京：中国社会科学出版社．

国也有了一个缪塞昂!

不过看了上面那些研究所,也许有人会问,物理、化学、天文、气象、地质、动植物、心理这些都属于科学没错,可是国立中央研究院怎么会掺和进来一个"历史语言研究所"呢?怎么从历史和语言里去研究科学呢?

历史语言研究所的建立确实不是国立中央研究院的初衷,建立国立中央研究院最大的原因就是中国太穷、太弱,要改变国计民生除了科学没别的路可走,于是物理、化学、天文、地理啥的,有关自然科学的研究所顺理成章成了必需的。不过有一个人认为,"既然是中央研究院,那就应该有文史方面的学科加入,否则将有失偏颇"①。而且蔡元培听了他的忽悠以后,居然真同意建立了一个文史方面的研究所——历史语言研究所。此人是谁?这么牛,敢忽悠我们伟大的蔡元培蔡大爷?这个人就是傅斯年(1896~1950)。

傅斯年确实是个大牛人,他是山东聊城人士。聊城是《水浒传》里梁山伯好汉玩的地方,武松武二郎杀死西门庆的狮子楼据说就在聊城。傅先生虽然没杀过人,不过山东好汉的豪气他不缺,在伟大的五四运动中,北大学生游行到天安门,走在队伍最前面、高举大旗的就是傅斯年同学也。此外傅家又是当地名门,他的祖上曾经是清朝顺治年间第一个状元,官至兵部尚书、武英殿大学士,聊城傅家门额之上至今还高悬一块"状元及第"大金匾。如此家庭出来的子孙,那肯定都是饱读诗书、《三字经》倒背如流之辈。1913 年傅斯年考上北大预科,1916 年入国学门深造,1919 年五四运动中,这个山东猛汉过了一把愤青儿的隐,带着游行队伍冲在最前面,这一年年底傅斯年同学毕业回到聊城家中。在北大的 6 年,他先在国粹大师黄侃的门下,后来跟随蔡元培、胡适等新学大师,一时间傅斯年的国学在北大出了名,被人称为大才子,不过这还都不是他想玩历史语言研究所的原因。

1919 年夏天,傅斯年毕业回到聊城老家以后,当年的秋天他又跑到省城济南参加官费留学考试,结果考了个全省第二。虽然这次官费

---

① 岳南 . 2008. 陈寅恪与傅斯年 . 西安:陕西师范大学出版社 .

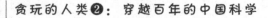

留学之路充满了风波，由于这个愤青儿在五四运动中表现过于激进，被当官儿的视为不法之徒，想阻拦这小子出国，不过傅斯年还是幸运地在1920年踏上了赴英国留学的旅程。到英国后，他先进入伦敦大学，1923年又转到德国柏林大学，"而傅斯年学过心理学、数学、理化学。闻听柏林大学近代物理学、语言文字比较考据学显赫一时，又到此处听相对论、比较语言学，偶尔书包里还夹厚厚一本地质学著作"①。这是他的同学加好友，后来当上清华校长的罗家伦的回忆。从罗家伦的回忆可以看出来，傅斯年在英国和德国学习的主要是自然科学，也就是理科。可傅斯年在北大学的是国学门啊？清华校长梅贻琦先生希望和主张的中西、文理贯通的通才教育，让傅斯年在英国和德国完成了。那么这个通才到底能玩出什么新名堂呢？

罗家伦说他在德国还学过"语言文字比较考据学"，这是神马呢？考据训诂不是两耳不闻窗外事的中国迂腐文人最爱玩的吗？难道洋人也玩？所谓"语言文字比较考据学"，是由德国的利奥波德·冯·马克（Leopold Von Ranke，1795～1886）开创的，此人被称为近代史鼻祖，是欧洲科学史学的开创者。冯·马克认为，所有的历史著作都是不可靠的，想看到历史的真实面目，只有穷本溯源，研究原始资料。在历史学领域，研究史料高于一切，严谨的事实才是编纂历史的最高法律。洋人这种用科学的方法去研究古代、研究历史的精神，让傅斯年大受启发，"西洋历史之分期，所谓'上世'、'中世'、'近世'者，与夫三世之中，所谓枝分（subdivisions）在今日以为定论。虽史家著书，小有出入，大体固无殊也。反观中国，论时会之转移，但以朝代为言。不知朝代与世期，虽不可谓全无关涉，终不可一物视之"②。已经成为通才的傅斯年发现：中国那种将皇帝和朝代的更替作为历史研究的方法太不好玩了，也太缺乏科学精神了。他要开始玩新的。

那在中国的历史里，什么才是原始资料、史料和严谨的事实呢？这些其实都在《尚书》、《左传》、《史记》和《汉书》等史书里，但是

---

① 岳南.2008.陈寅恪与傅斯年.西安：陕西师范大学出版社.
② 傅斯年.2010.中国历史分期之研究//林文光.傅斯年文选.成都：四川文艺出版社.

不可靠，为什么不可靠呢？书籍里的史料由于抄写流传了几百年甚至上千年，难免会出现错误，这个道理通过一个很简单的实验就可以说明。实验是这样的，好几个人都朝一个方向站一纵队，最后一个人在前面那个人背上画一个很简单的符号，比如画个三，前面的人根据自己感觉到的画在他前面的人背上，这样画下去，超不过几个人，画的是什么就错到姥姥家去了。那怎么才能找到可靠的史料呢？那就必须要用科学了。什么才是科学的史料呢？其实就是从古代墓葬或其他古代遗址里挖出来的，以前被大家当成玩意儿的古物、古董等。在进行科学考古的时候它们就可以派上用场了，那些古墓和遗址里保存的遗物肯定不会骗人，肯定是靠谱的，只要用科学的方法去研究，就可以从那些古董和玩意儿里发现史书里记载的是不是真实的、靠谱的。以前中国和外国的史学家，只知道从古代流传下来的书籍里去找史料，而从冯·马克开始，大家开始对古代遗物产生了兴趣，不过科学史家拿着这些古董不是去琢磨值几两银子，升值空间有多大，而是通过科学的方法去研究古董的那个时代，以及从那个时代古人玩这些古董到我们玩 iPad 这个过程中人类进步的痕迹，这多好玩儿啊！于是，用科学的方法研究中国历史，这件事让聊城傅斯年产生了极大兴趣，所以德国的冯·马克才是让傅斯年忽悠蔡元培玩历史语言研究所的真正原因。

可历史和语言在现代的大学里是属于所谓文科的，国立中央研究院明明是一个以研究自然科学为目的的机构，文科咋能混进来呢？关于这个问题，傅斯年早就跟他的恩师加大校长蔡元培讨论过，1918 年傅斯年还在北大读书的时候，有一次他给蔡大校长写信："……月来学生对于吾校哲学门隶属文科之制度，颇存怀疑之念……以哲学、文学、史学统为一科，在于西洋，恐无此学制……中国人之研治哲学者，恒以历史为材料，西洋人则恒以自然科学为材料。考之哲学历史，凡自然科学作一大进步时，即哲学发一异彩之日，以历史为哲学之根据，其用甚局；以自然科学为哲学之根据，其用之甚溥。"[1] 研究哲学需要

---

① 王汎森，潘光哲，吴政上 . 2011. 傅斯年遗札 . 台北："中央研究院" 历史语言研究所.

自然科学的方法，研究历史和语言也肯定离不开自然科学，所以游历了英国和德国的傅斯年建议蔡元培：国立中央研究院是可以有这样一个研究所的，否则确确实实有失偏颇！蔡元培听了说，有道理！于是文科就这样堂而皇之地混进了国立中央研究院。

在国立中央研究院历史语言研究所成立筹备处以后，傅斯年写道："虽然比不得自然科学上的贡献较为有益于民生国计，也或者可以免于妄自生事之讥诮罢！我们高呼：一、把些传统的或自造的'仁义礼智'和其他主观，同历史学和语言学混在一气的人，绝对不是我们的同志！二、要把历史学语言学建设得和生物学地质学等同样，乃是我们的同志！三、我们要科学的东方学之正统在中国！"[①] 真是山东好汉，话说得如此豪气！

历史语言研究所筹备处成立时，傅斯年在广州中山大学文学院当院长，他是在 1926 年受中山大学的邀请回国的。国立中央研究院那时在南京，当胡适知道他又想玩历史语言研究所，于是跟他开玩笑说，你是不是想狡兔二窟，傅斯年写信给胡适解释道："中央研究院之语言历史研究所，业已筹备，绝非先生戏谓狡兔二窟，实斯年等实现理想之奋斗，为中国而豪外国，必黾勉匍匐以赴之。"[②] 可见傅斯年对这件事的重视程度。

接着傅斯年开始为历史语言研究网罗人才，他首先把已经来到中山大学文学院当教授的顾颉刚（1893～1980）招募入门下，然后又盯上了清华国学研究院。清华自从改为正式的大学以后，在 1925 年成立了国学研究院，以培养新型的国学研究人才。研究院聘请了四位顶级国学大师：梁启超、王国维（1877～1927）、赵元任和陈寅恪（1890～1969）。一时间清华国学院的名声如日中天，不过却有些昙花一现的味道。两年后的 1927 年，在国学研究院第二届毕业生的毕业典礼过后第二天，也就是 6 月 2 日，大师王国维在颐和园昆明湖投湖自尽（关于王国维的故事可参看其他史料）。而另一位大师梁启超，这时身体已经

---

① 傅斯年.2010.历史语言研究所工作之旨趣//林文光.傅斯年文选.成都：四川文艺出版社.

② 王汎森，潘光哲，吴政上.2011.傅斯年遗札.台北："中央研究院"历史语言研究所.

非常赢弱，生命之火即将熄灭。四位名师其实只剩下赵元任和陈寅恪，赵元任又经常去外地调查方言，偌大一个国学研究院只有一个陈寅恪在苦撑，此时的清华国学研究院已经光华不再。

于是，傅斯年看准机会下手了，他向陈寅恪和赵元任抛出橄榄枝，出于对用科学方法研究国学的热忱，以及对清华国学研究院前途的担忧，两位大师很快就答应了傅斯年的邀请，这样历史语言研究所就有了两个小组：历史组和语言组，分别由陈寅恪和赵元任担任组长。

另外还有一个人，这个人也是清华国学研究院的，他就是李济。国学研究院除了那四位大师、大教授以外，还有一位特牛的讲师，他就是李济。李济是 1918 年庚款留美学生，1923 年在哈佛大学获人类学博士学位，是中国获得人类学博士第一人。毕业以后李济马上返回祖国，受南开大学张伯苓的聘请，在南开任人类学、社会学和矿科教授。1925 年来到清华，成为国学研究院特别讲师，傅斯年没忘了去找李济。傅斯年已经得到赵元任和陈寅恪两员猛将，他还找李济干啥呢？李济是玩考古的，历史组、语言组有了，还缺个考古组，所以傅斯年找李济聊，而历史语言研究所在科学考古方面的观念正中李济下怀，于是他也决定应聘。

就这样，由清一色大海龟组成的国立中央研究院历史语言研究所登上了中国历史舞台，由这几个大海龟掌玺的历史、语言和考古三个研究组，开始了近代中国一段全新的、影响深远的精彩篇章。

可是怎么玩才算是科学的史学呢？中国人玩历史的历史长得已经说不清楚了，不仅仅有称为二十四史的正史，还有无数的野史。语言学似乎也早就有人玩，训诂学就是一种；还有啥校勘学、音韵学，啥文字、句法、发音全都有人在玩，而且玩了几千年。考古学虽然没听说古代有人玩，不过古董、古物早就有人玩，比如金石之学主要就是玩石器、甲骨、青铜器，或者竹简、玉器、砖头瓦片上的铭文的。这几个大海龟是怎么玩科学的史学的呢？

傅斯年说，"要把历史学语言学建设得和生物学地质学等同样"，历史如果能搞得和生物学地质学一样，那肯定是科学，可怎么玩呢？大文豪胡适说过这么一句话："历史科学 historical sciences 和实验科学

experimental sciences 的不同之点，只是历史科学里的'证据'无法复制。历史学家只有去寻找证据，他们不能［用实验方法］来创造或重造证据。"① 按照胡适的说法，那就是去找证据，那过去的史学不也在找证据吗？为了找到《易经》里一个字的含义，读书人不知要翻遍多少古籍善本，胡子熬白了可能还找不到。关于怎么用科学的方法找证据，很多年以后李济在美国讲学时说："辛亥革命以后，事情开始变了。有一个时期，中国的革新者对过去的记载和关于过去记载全都发生怀疑，也怀疑历史本身。……他们的口号是'拿证据来'，在本质上说虽然具有破坏性，但对中国古代的研究却带来了较多批判的精神。因此，如果你对尧舜的盛世给予过多的颂赞，好吧，拿出你的证据来。如果你论及公元前三千年大禹在工程上的伟绩，证据也得拿出来。……这种寻找证据的运动对传统治学方法，无疑是一种打击，但是同时对古籍的研究方法产生了革命性的改变。现代中国考古学就是在这一种环境之下产生的。"②

原来，古时候玩历史的人对过去的历史都充满了敬畏，对《尚书》、《竹书纪年》、《左传》、《史记》等大圣贤写的历史，谁都不敢，也不会有半点的怀疑，更别说批判了。不过中国古代就没人懂怀疑和批判吗？其实是有的，东汉有个王充，在他的《论衡》里就胆敢怀疑谶纬之学，怀疑孔夫子，怀疑夸父，怀疑能射下九个太阳的尧皇帝。不过几千年来，这个王充没人搭理，谁也不跟他玩，大家还是忙着低头啃书本，没人学着王充去找圣贤们的毛病。结果到了李济说的时代，大家终于开始怀疑那些不靠谱的、书本里的历史了，只不过怀疑和批判的玩法，不是从王充那儿学来的，而是从外国。可见如果早有人跟着王充玩，中国人早就知道啥叫怀疑和批判了。

历史语言研究所成立以后干的第一件事，就是抢救了一批所谓内阁大档。什么是内阁大档呢？那就是清朝保存在内阁大库里的、明清以来的宫廷档案。可是这么重要的档案为啥还要抢救呢？北京城有偌

---

① 胡适.2005.胡适口述自传.唐德刚译注.桂林：广西师范大学出版社
② 李济.2007.中国早期文明.上海：上海世纪出版集团.

大一个戒备森严的紫禁城，成千上万的禁军，还有宫女儿、太监都住在里面，能把这些档案搞丢了？还真是差点丢了，怎么回事呢？

其实中国历代的朝廷都是非常重视档案的保存和管理的，清朝也一样。不过到了清末，内忧外患的朝廷里一片乱象，谁也想不起去关照这些档案了。辛亥革命以后，1912年宣统皇帝宣布退位，故宫里就更乱了，宫里的古玩字画被大量偷走，连退位的宣统皇帝溥仪和他弟弟溥杰都干过这事儿。可内阁档案和古玩字画不一样，虽然这些档案作为历史资料十分珍贵，但玩古玩品字画的人拿着这些资料就和废纸一样，毫无意义，不能保值也没可能升值。结果这些珍贵的档案，在1921年被当成垃圾废纸，装了8000麻袋，一共15万斤，以4000大洋的价钱卖给北京一个叫同懋增的纸店。眼看同懋增的老板要把这15万斤的档案运到唐山一个造纸厂，准备化成纸浆去造还魂纸的时候，这件事被罗振玉（1866～1940）知道了。他是在逛街的时候，偶然发现街市上有人在卖洪承畴揭帖和高丽国贡物表。洪承畴揭帖是什么？洪承畴是明朝万历年间的大官，后来投降清朝成了叛将，他也是清朝第一个汉族的大学士，他的所谓揭帖是向皇帝汇报情况的机密文件。而高丽国贡物表就是当时朝鲜国给朝廷进贡的物品清单。

罗振玉是谁？他是清朝忠实的遗老，1909年在修缮大库时，他曾经整理过这批档案。罗振玉学识渊博，是古文字学家和甲骨文大师，他对所谓"洹水遗文"的殷墟甲骨文、"西陲坠简"汉代简牍及"鸿都石刻"汉魏石经等方面的研究都有过极大的贡献。他看到大街上居然有人在卖揭帖和贡物表以后马上断定，这肯定来自清宫内阁档案，于是寻根溯源找到了这家纸店。经过一番周折和讨价还价，他以一万三千大洋的价钱给买了回来，这一倒手，纸店老板瞬间赚了将近一万大洋，可罗振玉却是几乎倾家荡产，债台高筑。尽管欠了一万多大洋的债，罗振玉得到内阁档案以后还是非常得意，他曾乐观地估计："以十夫之力，内阁大库档案整理约十年可成。"① 他拉着另外一位大师王国

① 摘自"中央研究院"历史语言研究所明清档案工作室，http://archive.ihp.sinica.edu.tw/mct。

维，组织了一帮人开始对档案进行整理，辑成《史料丛刊》刊印发行，到 1925 年共出版了十册。清宫档案的发表顿时震惊了全世界的史学界，当年只知道从故宫往外偷古玩字画的家伙们，这下把肠子都悔青了。

不过这些档案怎么又被傅斯年给弄到历史语言研究所去了呢？这与王国维的死有关，1926 年 6 月王国维投昆明湖自尽，整理旧档案的人只剩下罗振玉和一帮伙计，虽然罗振玉并非等闲之辈，可仅凭他一己之力，就算带着一帮伙计，整理如此浩繁的档案，别说 10 年，其实根本就没门了。没了主心骨，没了财源的罗振玉只好把档案再次出售，于是，内阁大档又走上了一段转手之路。其间档案差一点落入日本人的手里，经北大、清华学者的呼吁，日本人总算没有得逞。这时有个人也知道了这件事，他叫李盛铎，也是清朝遗老，曾经当过翰林院编修，参加过康有为的保国会，后来又当过袁世凯的总统顾问，最主要的，他还是个著名的古籍收藏家，他以一万四千大洋的价钱把内阁大档收了。

1928 年，刚刚加入历史语言研究所的陈寅恪听说内阁大档的事情以后，他认为这批资料应该由学术机构收藏研究，于是他建议傅斯年想办法筹款买下，"在首任所长傅斯年先生的大力奔走下，史语所于民国十八年（1929 年）三月由李盛铎手中购入这批档案"[1]。

内阁大档之所以如此珍贵，是因为这些档案就如科学史学的开创者冯·马克说的那样，是原始资料、史料和严谨的事实，通过对这批原始资料、史料和严谨的事实的研究，科学史家就可以印证《明史》和《清史》中的记载是不是真靠谱，并且可以重现那个时代。1929 年秋，以傅斯年、陈寅恪为首的历史语言研究所历史组，对档案开始了整理、分类、编目，并且以《明清史料》陆续编辑出版。"从此，或断或续，整理工作就持续进行到今日。"[1] 在后来的几十年里，中国经历了无数的危难和战争，历史语言研究所也几经颠沛，这些内阁大

---

① 摘自"中央研究院"历史语言研究所明清档案工作室，http://archive.ihp.sinica.edu.tw/mct。

档被装在 100 个大箱子里，从北京搬到长沙，又从长沙搬到昆明，再从昆明搬到四川李庄，不过不管怎么搬，这些明清档案却一直忠实地跟着玩科学历史的学者们，不离不弃。傅斯年在《明清史料》发刊的序文里这样写道："我们整理这些档案，在将来可以有多少成绩，目下全不敢说，只愿做这事业的精神，引出些研究直接史料，比核公私记载，而不安于抄成书的同志。这便是我们最大的安慰。"[①] 傅斯年说的"做这事业的精神"，就是科学的精神。

除了内阁大档，还有一件被历史语言研究所玩得响当当的事情，那就是以李济为首的考古组，在河南安阳殷墟的科学考古。安阳殷墟考古是历史语言研究所也是中国人有史以来玩的第一次系统的科学考古，可他们为什么偏偏会在安阳这么个小地方玩起科学考古的呢？原因就是甲骨文。

我们现在知道，甲骨文是 3600 多年前商朝皇帝玩占卜的。那时候大家对眼前的世界还没多少了解，遇见天灾人祸或婚丧嫁娶等大事情，大家就喜欢去求巫师占卜拜神，因为巫师是那时候最有学问的人。老百姓不知是咋个求法，不过皇帝占卜拜神就是用甲骨，给皇帝占卜的巫师叫贞人，他们拿着一块乌龟壳，放在火上烧，突然"喀"的一声，乌龟壳裂开几道缝缝，巫术有话说了："天灵灵，地灵灵，这条缝缝说明今年会风调雨顺，这条缝缝告诉我们，今年还会大丰收啊！"皇帝大喜，立马赏给巫师一大堆银子，外加好几个美女。然后，欢欢喜喜的贞人在用过的乌龟壳上刻上各种道道和图形，这些道道和图形就是中国字的老祖宗，著名的甲骨文。上面古人占卜的情景是作者杜撰的，几千年前中国的古人究竟以什么样的方式占卜，现在已经不可能再现，占卜在现代社会会被斥为迷信，可在几千年前，占卜对当时社会起到的作用却与现代科学对社会起到的作用是一样的。不但如此，占卜活动留下的这些甲骨也让几千年以后的人，看到了那时发生的许多事情，那一片片甲骨就像一位非常非常老的老爷爷，为我们讲述着过去的

① 摘自"中央研究院"历史语言研究所明清档案工作室，http://archive.ihp.sinica.edu.tw/mct。

故事。

　　不过甲骨文不是历史语言研究所发现的，甲骨文在历史语言研究所成立以前好几十年就发现了，光绪年间的翰林王懿荣（1845～1900）是发现甲骨的第一人。王懿荣是个很牛的金石学家，专门玩古代的金石学，对古文字特别有研究。"一个流传广远关于王懿荣发现龟甲的故事，以他家人的患疟疾开始。主治医师的药方包括了'龟板'这一成分。这个一家之主显然也是一个药品的鉴赏家。因而，当药由铺子抓回来以后，他便亲自检视所有的成分。使他大吃一惊的是：他在龟板上发现了古代中国文字。虽然他不认识这些文字，却感到十分着迷。他立刻命令仆人把这家药铺所有龟板都买了回来。"① 后来，孙诒让、王国维和罗振玉等大学者都对甲骨文进行过研究，其中孙诒让是第一个读出甲骨文意义的人，他通过与殷商时期青铜器铭文的比较，断定甲骨文是殷商的产物。罗振玉则亲自跑到河南寻找出土地点，最终确定甲骨文的出土地点在安阳小屯村。除了学者们对甲骨文充满了兴趣，还有一帮人也对甲骨文垂涎欲滴，他们就是古董商。古董商为得到甲骨文在安阳小屯村到处乱刨，20 世纪初期，罗振玉认为安阳"宝藏一空矣"②。

　　既然已经有那么多大学者研究了甲骨文，对甲骨文也已经作了挺深入的研究，这和历史语言研究所所谓的科学考古有什么不一样呢？原因就是孙诒让、罗振玉和王国维玩的考古研究还是照着金石学、训诂学的老办法，是从各种古籍里去找证据，他们虽然也从中发现了古籍中存在的错误和不实之处，比如罗振玉在他的《殷墟书契考释》中对《竹书纪年》和《史记》里，几处关于殷迁都的史实和殷商各代皇帝名字错误的考证。但他们的这些考证还不是科学的考古学，他们从龟片到史籍的考证，得到的结论还不是实实在在的证据，如果有人举手投反对票，他们就无话可说。还真有个大学者说罗振玉他们就是一帮江湖骗子，说甲骨文是他们编造出来的谎话，"虽然有几位严肃的学

① 李济.1995.安阳.贾士衡译.台北："国立"翻译馆.
② 岳南.2008.陈寅恪与傅斯年.西安：陕西师范大学出版社.

第六章　缪斯来到中国 ｜ **123**

者已经发表了关于这些文字性质与内容的许多学术性的研究与调查，民国初年一位最著名的古文字学家尚公开指控说这种新的古玩不过是伪造物。"① 李济没明说这个人是谁，其实他就是章炳麟章太炎先生，伟大的革命家、国学大师，我们伟大的先行者孙中山先生最尊敬的老师。

历史语言研究所对安阳小屯村的发掘开始于 1928 年，一直到 1937 年 9 年的时间里，共发掘了 15 次。不过，玩科学考古和玩金石学或训诂学不一样，那不是坐在书房里翻旧书就能解决问题的，玩科学考古就必须去作所谓的田野调查。什么叫田野调查？田野调查就是卷起袖子，拿着小铲子，蹲在太阳底下，一下下地挖土玩，满手老茧，小脸晒得黑黑的从挖出的土里寻找证据。所以傅斯年说，"总而言之，我们不是读书人，我们只是上穷碧落下黄泉，动手动脚找东西"②。

中国有史以来，如此辛苦的第一次科学考古结果如何呢？按照李济所说："假如我们把历年发掘的实物分类列举，所得的重要项目为陶器、骨器、石器、蚌器、青铜器，腐朽的木器痕迹，附于铜器上的编织品，在原料状态的锡、水银及其他矿质，作装饰用的象牙、牛骨、鹿角，占卜用的龟板、兽骨……当货币用的贝……保存完全的人骨，等等。"③ 这些科学的考古发现，不但把甲骨文的研究推向一个全新的高度，同时科学考古得到的原始资料，在后来的研究中，让考古学家们得以穿越重重的历史迷雾，为我们再现了 3600 多年前那段神秘而又美好的时光。其中董作宾（1895～1963）先生用了十年的时间，1944 年在重庆李庄的小山村板栗坳写成的《殷历谱》，为我们再现了 3000 多年前殷商时期有关天文、历法、日食、月食等许多神奇而又有趣的故事。

在后来的几十年里，历史语言研究所的四只大海龟傅斯年、陈寅

① 李济.1995.安阳.贾士衡译.台北："国立"翻译馆.
② 傅斯年.2010.历史语言研究所工作之旨趣//林文光.傅斯年文选.成都：四川文艺出版社.
③ 李济.2008.李济学术随笔.上海：上海人民出版社.

恪、李济和赵元任，他们的命运虽然各不相同，但都成为当之无愧的大学者，是中国近现代史无数学者中的佼佼者。其中山东猛汉，被胡适称为"希有的天才"、"能组织，能治事"的"领袖人才"的傅斯年先生，1955年累死在台湾大学校长任上；被称为"踽踽独行的国学大师"、"教授的教授"的陈寅恪先生1969年含冤死于"文化大革命"；李济先于1979年在台湾去世，逝世前的1977年，李济在台湾发表了《安阳》一书，他的心仍然牵挂着那里——安阳殷墟的考古现场；"赵元任的生活就像一件艺术品。无论从哪个角度观察，都能发现让你惊奇、使你深思、给你灵感的新东西"①，这是一个金发碧眼的美国大教授对中国杰出的语言学家、被称为汉语言学之父的赵元任先生的评价，他于1982年2月24日逝世于美国马萨诸塞州坎布里奇。

---

① 罗斯玛丽. 列文森. 2010. 赵元任传. 焦立为译. 石家庄：河北教育出版社.

第七章　玩龙骨的人

　　化石是远古时代死去的生物，比如恐龙、猴子，或者树根、大萝卜啥的，经过漫长时光变化而来的，这个现在小孩子都知道。玩化石的学问叫做古生物学，古生物学家想通过化石看到远古时代地球上啥样子。古时候中国把化石叫做"龙骨"，那会儿中国玩龙骨的不是古生物学家，而是郎中和卖药的，而且玩了好几千年。几千年来郎中们把龙骨和杜仲、穿心莲啥的一块儿扔到陶罐里，熬出来的浓汤喝下去，能治痤疮、痢疾或失眠症。不过，从20世纪初开始，玩龙骨的人除了郎中又来了另外一拨人，他们是谁呢？他们就是中国第一代古生物学家、中国古生物学研究的开创者。

18世纪，科学在中国还是新鲜事儿，不过在欧洲已经进了老百姓的家门，各个学科都有了极大的进步，尤其是地质学和生物学的发展。随着拉马克、居维叶、达尔文这些超级大玩家、大科学家的出现，一种专门研究远古时代生物的学问——古生物学逐渐产生。玩恐龙是古生物学里一个很吸引人尤其吸引小孩子的分支，恐龙被发现的过程也特别有趣，干这事儿的是一个郎中，不过是个洋郎中。

19世纪中叶，在英国南部一个小村庄里有个医生，他的名字叫曼特尔。19世纪英国农村的医生和中国古代的郎中，以及前些年的赤脚医生概念基本差不多。这个郎中除了会给人看病，他还有个爱好，那就是玩化石，搜集化石。玩化石和现在玩古董有点像，有的化石也很值钱，比如恐龙蛋。不过有一点不一样，古董可以上拍卖会，化石没人敢拍卖，似乎至今也没听说索斯比或嘉德秋拍会上胆敢拍卖恐龙蛋。不进入流通市场，化石也就没升值空间，所以曼特尔玩化石纯属好奇心作祟，没想挣钱那点事儿，家里的柜橱里摆满了各种化石。

有一天天气很冷，曼特尔出门去给乡亲们看病，下午回来的路上碰见了太太，让他万万没想到的是，太太手里不但拿着一件大衣，居然还拿着两块化石。原来太太怕他路上冷，拿了件大衣去接他，路上却发现了这两块化石。这是两块很大的牙齿化石，曼特尔拿着两颗大牙齿端详了半天，不知是什么动物的，心想，我得找个专家鉴定一下，于是他买了一张船票，漂过英吉利海峡来到了法国。干吗要跑这么老远呢？原来那时候法国有个大专家，他的名字叫居维叶，那会儿人们把懂得特多的人叫博物学家，居维叶就是一个非常著名的博物学家，他开创了一种学问叫比较解剖学。啥是比较解剖学呢？那就是只要有一小块骨头，他就能帮你还原出整个动物，所以曼特尔要找居维叶。而且找他还有个好处，就是能让老先生辨真伪，像现在在北京潘家园古玩市场淘了个官窑，看了半天不敢确定真假，然后跑去找瓷器专家鉴定是不是真品一样。不过居维叶这个专家拿着曼特尔的两块骨头，端详了半天也没看出来是啥动物的，他随口说可能是犀牛的吧?！曼特尔一听就傻了，沮丧地回到家里。可回家以后他越琢磨越觉得不对劲，他想，是不是居维叶这个老头子忽悠我啊？曼特尔可不是个等闲之辈，哪能就这样被人忽悠，于是曼特尔开始了一段长达两年的调查研究。他只要一有机会就钻进博物馆，拿着这两块化石和其他动物的牙齿作比对。两年后的一天，他来到伦敦的一个博物馆，认识了一位动物学家。这个动物学家正在研究一种爬行动物鬣蜥。什么是鬣蜥？大家现在在《探索频道》（Discover Channel）或《动物世界》的电视片里还可以看见它们的身影，那些一群一群趴在南美洲海边的礁石上晒太阳、长相挺吓人的大蜥蜴就是鬣蜥。曼特尔拿着手里的两颗牙齿和鬣蜥的牙齿比对，不比不知道，一比吓一跳，这两颗牙齿居然和鬣蜥的牙齿一模一样！真是功夫不负有心人，曼特尔高兴坏了，他断定这两颗牙齿化石，就是生活在远古时代一种和鬣蜥差不多的爬行动物的牙齿，他给这种未知的动物就起名叫"鬣蜥的牙齿"。"鬣蜥的牙齿"中文翻译为"禽龙"，这也是世界上最早被命名的恐龙之一。为什么是之一呢？因为从时间上说第一个被命名的恐龙叫"巨齿龙"，是被一个英国医生詹姆士·帕金森命名的，但这只恐龙的化石不是他发现的，而是从一个地质学家的收藏品里发现的。而曼特尔的发现是他自己坚持不懈玩出来的，所以这个世界第一更好玩，更有意义。

　　所谓古生物学最重要的其实就是研究各种化石，怎么研究呢？研究古生物不是挖出一块化石，然后用真丝手绢包起来，藏在保险柜里等着升值，而是要通过各种不同学科的知识对化石进行分析研究，再现远古时代的面貌，以此来了解和研究地球及生物的演化过程。用化石就可以再现远古时代的面貌？这不是天方夜谭吗?!不过由于科学的发展，天方夜谭的秘密被科学家发现了。其中地质学的发展，让科学家对脚下的大地有了更清晰的了解，通过对地层的分析，科学家把地球的历史分出许多不同的时代，比如太古代、古生代、中生代、新生代一直到现代，这样科学家就可以分析埋在不同地层里的化石是属于哪个时代的；此外，居维叶发明的比较解剖学又为化石是出自什么动物提供了解决方案，科学家只要找到一小块化石，就可以通过这个方案还原整个动物。还有一件事更绝妙，英国的开尔文爵士，他玩出来的热力学理论，又让科学家发现了隐藏在化石里更多的秘密，比如它有多大岁数？于是化石就像来自远古时代的信使或小精灵，通过这些方法，这些小精灵就张开了嘴，向我们讲述着发生在它们那个时代奇妙而又有趣的故事。所以尽管古生物学开始得比较晚，但各种科学方法的运用让这门新兴的学科迅速发展，不但让古生物学越来越好玩，也让好莱坞的《侏罗纪公园》赚得盘满钵满。

可能有人会问，古生物学除了好玩，作为科学的一个分支到底有啥用，有啥好研究的呢？一开始还真没啥用，像曼特尔还有居维叶、拉马克啥的，他们在乎的不是这些化石啥的以后能派上啥用场，那他们在乎什么呢？他们在乎的是那颗好奇的心，是那些让他们饭吃不香、觉睡不好的大问号。到了达尔文，他倒是有点用了，啥用处呢？因为他提出的生物演化理论必须有足够长的时间才可能实现，可那会儿大家都觉得人类的历史不过几千年，这点时间根本不够用，于是达尔文就寄希望于古生物学了。可生物演化理论那时候又有啥用呢？其实还是没啥用。

不过随着古生物学不断往前走，尤其是到了今天，人们发现这个学问还真的有点用，啥用呢？就像研究历史，不仅仅是钻进故纸堆里当蛀虫，研究历史还可以为现实问题找到解决方案。古生物学也是如此，对古动物和古植物演化历史进行研究，科学家可以发现一些科学规律，除了生物演化的规律，还有地质和气候等方面的周期性变化，比如远古时代是不是就有全球变暖或臭氧层变化啥的，这样也可以为现在的研究提供很好的帮助，让科学家知道，2012 年到底是不是世界末日。所以现代古生物学不是没有用，而是用处很大。不过无论如何，就像许多科学学科（其实所有的科学都是如此）一开始并不是为了有用一样，都是好奇心惹的祸。

不过，这么高深的古生物学说来说去就是在玩化石，化石在中国其实早就有人知道也早有人在玩，中国叫做"龙骨"的其实就是化石。古籍里最早提到龙骨的是《山海经》，书里说："又东二十里，曰金星

之山，多天婴，其状如龙骨，可以已痤。"书里提到了龙骨，并且说
"可以已痤"，意思是龙骨可以治痤疮一类的病，但是没有解释到底啥
是龙骨。中国最早的一部药书《神农本草经》里有一点解释："吴普
曰：龙骨生晋地，山谷阴，大水所过处，是龙死骨也……"《本经》认
为龙骨是龙死了以后留下的骨骼，所谓"是龙死骨也"，也就是龙的化
石。那龙是啥呢？龙是中国先民的图腾，龙很伟大，也很诡秘，除了
在梦里会看见，似乎没有人在大白天看到过，所以龙骨并不一定就是
龙的骨头。李约瑟老先生经过对中国各种古籍的研究，他得出这样的
结论："爬行类、鸟类和哺乳类化石的骨骼和牙齿在中国古代都统称为
'龙骨'和'龙齿'。"[①] 此外，中国古代还有其他一些关于化石的记载，
比如"石鱼"、"石燕"、"石蛇"、"松石"等，不一而足，所以李约瑟先
生在对大量古籍研究以后说："古植物学的创始，确实应归功于中国
人。……在动物化石方面，我们凭以作出论证的依据就充足得多了。"[①]

　　不过中国古代玩没用的好奇心的人不多，虽然中国很早就有人发
现和记载了龙骨、龙齿、石鱼、石燕、松石等化石，但是这些化石主
要都用在了治病上，因为治病用处很大。《神农本草经》里关于龙骨的
介绍还包括下面一段话："是龙死骨也，青白者善，十二月采，或无
时，龙骨畏干漆，蜀椒，理石，龙齿神农李氏大寒，治惊痫，久服轻
身。"现代的中医药学仍然认为龙骨是一种具有"镇惊安神，敛汗固
精，止血涩肠，生肌敛疮"作用的中药。关于其他化石，李时珍在
《本草纲目》中认为，石燕可主治"伤寒尿涩、小腹胀满、久年肠风、
多年赤白带下、牢牙止痛"等疾病和症状，为此他还开了药方，教你
怎么使用石燕。中国人玩化石，好奇心都放在怎么处理这些"龙骨"
上，是颜色发白的好，还是其他颜色的好，是12月采到的好，还是其
他月份采到的好，药性属寒好还是属热好等给人治病的功效上，忽略
了去问"龙骨"到底是来自哪里，怎么来的。千百年来龙骨可能治好

---

① 李约瑟.1975.中国科学技术史.北京：科学出版社.

了无数人的病痛，却没有培养出一个玩看上去没有用的事情的古生物学家，也没让中国人走进神奇的"侏罗纪公园"。

古时候洋人虽然没觉得化石是"龙骨"或"龙齿"啥的，也不觉得可以入药治病，可洋人也觉得化石不一般，只不过看法和咱中国人不太一样。古希腊的亚里士多德认为化石是由有机物形成的，但是化石怎么会跑到石头里去的，他却说不清楚，只好归于某种神秘的力量，那什么是神秘的力量呢？和神鬼有关？结果后来大家干脆就把这些奇怪的小石头、大石头都归于上帝，大家一致认为，化石不是《圣经》里说的大洪水淹死的倒霉蛋儿，就是从月亮上掉下来的，为啥这么相信神仙呢？因为那会儿的行情绩优股是神学，科学连垃圾股都算不上。

而亚里士多德虽然不知道化石是怎么跑进石头的，可他觉得是由有机物形成的，他这个解释留下了疑问，啥疑问？有机物怎么会变成了石头？他把问号交给了他的后代。在1000多年以后的17世纪，有一个叫斯坦诺（Nicolaus Steno，1638～1687）的丹麦人终于玩出了一条新路子。当时大家都对一种很奇怪的被叫做牙形石的小石头很感兴趣，但是谁也说不清这种有点透明、像牙齿一样泛着浅黄色亮光的小石头到底是怎么钻进石头里的。斯坦诺是个医生，而且擅长解剖，有一次他在解剖一只鳄鱼的时候发现，鳄鱼的牙齿和那些牙形石非常像，于是他断定牙形石就是鳄鱼的牙齿，不是上帝创造的，也不是月亮上掉下来的。可这些牙齿咋会跑到石头里去了呢？为了解开这个谜团、这个巨大的问号，这个玩家开始研究石头了，这一研究不要紧，斯坦诺成了现代地质学中地层理论的开创者。虽然后来知道，牙形石并非来自鳄鱼，而是一种小型的古生物，但是，无论牙形石还是其他化石都被证明，不是上帝造的，也不是月亮上掉下来的，而是远古时代死去的动物留下的残骸。据说17世纪末英国著名博物学家和发明家罗伯特·胡克（Robert Hooke，1635～1703）是第一个真正认识到化石是可以见证地球历史秘密的人，远古时代那个神秘的古生物王国也从此逐渐呈现出来，一种全新的科学分支古生物学兴起，科学之光照亮了远古时代。

自从古生物学这门有趣又神奇的学问出现以后，欧洲出现了很多好奇的大玩家，其中就有前面提到的拉马克、居维叶和达尔文，各种各样远古生物的化石被这些玩家给挖出来了。古生物学家对中国产生兴趣大约是在19世纪末，英国著名古生物学家、给恐龙（dinosauria）命名的欧文（Richard Owen，1804～1892）爵士，他在1870年写过一篇关于中国古生物化石的文章，他对中国化石的了解就来自"龙骨"和"龙齿"。他怎么会看见"龙骨"呢？难道他来过中国？没有，原来是其他来过中国的洋人对药材店里出售的"龙骨"觉得好奇，不但买了，还带回家，交给了大英博物馆。几十年以后的1903年，德国著名古生物学家施洛塞尔（Schlosser）又写了一篇关于中国化石的论文——《中国的哺乳动物化石》，他在论文中提到了一颗很像人类的牙齿，但不敢肯定就是人类的上臼齿化石。他说的这颗牙齿化石就是一位在中国行医的德国医生哈贝尔在北京的药店里买的"龙齿"。从此洋人对中国的"龙骨"产生了更加浓厚的兴趣，"自1903年Schlosser（即施洛塞尔——笔者注）关于中国古脊椎动物化石的专著发表至20世纪20年代中国发现大量'龙骨'（即哺乳动物化石）的20多年中，我国的古脊椎动物化石完全由外国学者（瑞典、德国、法国等国）进行研究。"[1] 所以一开始在中国玩龙骨的还不是中国人，而是一帮老外。

中国的化石怎么老是让洋人去研究呢？别急，中国玩龙骨的人很快就来了。1927年，一篇用德文写的名为"中国北方之啮齿类化石"的博士论文在《中国古生物志》上发表，论文的作者叫杨钟健（1897～1997），一个来自中国的博士生。这篇博士论文是中国人用科学的方法研究"龙骨"的第一篇古生物学论文，杨钟健也成为中国的古生物、古脊椎动物学的奠基之人，中国玩龙骨的第一人出现了，中国的《侏罗纪公园》开拍了。

杨钟健先生是陕西人，出生在陕西西岳华山之下的华县，家里是

---

① 钱伟长. 2012. 20世纪中国知名科学家学术成就概览. 地学卷. 古生物学分册. 北京：科学出版社.

教育世家。他1917年考入北京大学预科，后来进入地学系学习。在北京大学，他的成绩很好，被人称为"关中才子"，"在北京大学期间，他学习之外，仍然关心时局，政论杂文散见各种报章刊物。"[①] 1919年的五四运动是北京大学的骄傲，据说当时杨先生也是干将之一，参加了天安门游行和火烧赵家楼等行动。1923年毕业，1924年赴德国留学，不过杨先生不是拿着庚款或其他官费出国的，他是纯自费，他父亲曾经在陕西军政府担任要职，估计是家里不差钱。在德国，他进入慕尼黑大学，师从著名的施洛塞尔教授学习古脊椎生物学。

　　1928年，获得古生物学博士学位的杨钟健先生回国，进入由翁文灏、丁文江、章鸿钊等人创办的中央地质调查所，随即被派往周口店，加入北京猿人的发掘工作中，从此开始了他为之奋斗了一生的古脊椎动物学研究。

　　周口店北京猿人的发现，在当时是一件轰动世界的大事情。19世纪中期到20世纪初是古人类大发现时期，1856年德国发现了尼安德特人，1891年印尼发现爪哇人，1903年施洛塞尔提到的来自中国的上臼齿化石就成了悬案，到底是不是人类的呢？人们都充满了期待。不过怎么就会想起到北京的周口店，而且就在那里发现了猿人化石呢？难道猿人在那儿留下了鸡毛信？周口店的猿人还真没这么配合，他们不但没给留下啥鸡毛信，反而给这些玩龙骨的人设下了重重障碍和陷阱，就像一篇悬疑小说里的故事那样，玩龙骨的先要艰难地穿过层层荆棘，然后又拨开重重迷雾，周口店的老爷爷、老奶奶们才犹抱琵琶半遮面，羞答答地走出来。而且直到今天，关于周口店猿人仍然是一个没有最后答案的故事。不过无论是不是悬疑小说，周口店却实实在在地为中国的古脊椎动物学、史前考古学等领域培养了许多杰出的人才。

　　故事是从20世纪初开始的，1914年一位大鼻子的洋学者，受北洋政府的邀请来到中国农商部矿政司，他来干啥？做矿政顾问，任务是

---

① 秦怀钟.2008.中国古脊椎动物学奠基人.西安:西安出版社.

协助开展煤矿和铁矿的调查，这个人是瑞典人，名字叫安特生（Johan Gunnar Andersson，1874～1960）。北洋政府怎么会想起邀请一个洋人来协助开矿呢？北洋政府大总统袁世凯是清末洋务运动的倡导者之一，对建立实业比较感兴趣，实业需要钢铁，需要煤，而探矿的活儿那时候还没有中国人会玩，即使玩也玩得不怎么样。虽然北洋政府已经开办了地质讲习班，可真正懂得地质勘探，可以进行实地调查的人才还没有培养出来，北洋政府只好去找洋人了。这个安特生学识渊博，不光是一位地质学家，也是位著名的极地探险家，曾经两次参加南极探险活动，同时他对考古学和古生物学也充满了兴趣。"安特生在1914年5月16日到北京农商部（这个部在后来又先后改称为农矿部、实业部和经济部）赴任，但他念念不忘的是中国的'龙骨'。哪怕只看到一点点东西，总要打听清楚它的出处。他来华之后曾给各地在华的外籍人写信，随信附上德国慕尼黑大学古脊椎动物学家施洛塞尔关于中国动物化石的鉴定结果。"[1] 老话说得好，功夫不负有心人，"一九一八年二月间，有一天我在北京遇见教会大学化学教授吉布（J. Mcgregor Gibb）：当时这家教会大学正颇为自负地自称'北京大学'（后改名为燕京大学——笔者注）。他知道我对化石感到兴趣，因而告诉我他方才去过北京西南约五十公里的周口店……吉布教授曾经亲自造访这个地方，并且带回到北京各种各样出骨头的黏土碎块……"[2]吉布先生还告诉安特生，周口店一带保存有类似"龙骨"的岩洞还有很多。"吉布的描述非常引人入胜，以致我在同年三月二十二日到二十三日造访那一地点。"[2] 于是，"周口店北京猿人"这个震惊了全世界的伟大发现初现端倪。李济对安特生评价很高："众所周知，中国史前的研究始于一个瑞典地质学家——安特生博士。他不但发现了周口店遗址、北京人的足迹，并且他也是发现散布在华北一带颇广的新石器晚期史前文化的

① 贾兰坡，黄慰文.1984.周口店发掘记.天津：天津科学技术出版社.
② 李济.1995.安阳.贾士衡翻译.台北："国立"翻译馆.

第一个科学家。"①

　　不过事情没那么简单，安特生只是看到了一丝微弱的希望之光。不过这点光让安特生兴致更浓，更无法抑制了。可他是个干勘探的，挖化石不在他的业务范围里，咋办？于是他找人帮忙，第一个来帮忙的是一位来自奥地利的古生物学家师丹斯基（Otto Zdansky，1894～1988），1921～1923 年师丹斯基在周口店挖了两年，收获不小，挖出好几百箱化石，其中有一颗灵长类的牙齿，但说不清是人的还是猴子的。这些化石都被运回安特生的老家，瑞典的一个古生物研究室作进一步研究，结果在整理这些化石的时候，又发现了一颗明确属于人类的化石！这个发现可太让人兴奋了，有牙齿，那其他猿人的化石肯定也在周口店！可是问题又来了，在偌大一个周口店山上挖猿人化石，单凭安特生和师丹斯基挖一辈子也可能白挖，必须组织起一个挖掘队伍，组织队伍没钱没人可不行，安特生又开始想办法了。他想到了北京协和医院，北京协和医院是由美国洛克菲勒基金会资助创办的，这里肯定有钱。那人去哪里找呢？除了师丹斯基，中国还有一个中央地质调查所！就这样，在 1927 年，得到美国洛克菲勒基金会资助，由中央地质调查所参与，由中外科学家合作开展的周口店北京猿人的科学探索节目大幕徐徐拉开了。李济后来这样说："接下来的是一个国际闻名的科学事业。对于中国而言最重要的一件事是：当科学家们决定通力合作时，丰富的成果似乎是顺理成章的。在周口店的发掘是真正国际合作的一个例子。"

　　1927 年中央地质调查所和北京协和医院签订了《中国地质调查所与北京协和医院关于合作研究华北第三纪和第四纪堆积物的协议书》（因为北京协和医院是由美国洛克菲勒基金会资助建立的，协议书中的北京协和医院实际上是代表洛克菲勒基金会，是在中国的执行机构），协议书规定由双方指定的专家负责野外工作，采集到的标本归中央地质调查所所有，一切研究成果均在《中国古生物志》或中国地质调查

---

　　① 李济 . 2005. 中国文明的开始 . 南京：江苏教育出版社 .

的其他刊物上发表等。这个协议书也许是鸦片战争以来，中国和外国人签订的第一个平等的协议，这个协议不是政治家或官僚完成的，而是中国第一代卓越的科学家们。

这次探索节目的主要演员除了由安特生召集来的美国、加拿大、瑞典、法国、英国和德国学者外，再有就是中央地质调查所新生代研究室的年轻科学家们。所谓新生代是地球历史上最年轻的一个地质时代，这个时代从恐龙灭绝一直到今天。中央地质调查所新生代研究室就是为这次周口店的挖掘设立的，后来成为中国古生物、古人类学研究的摇篮，许多著名学者都出自这个研究室。中央地质调查所新生代研究室在1929年正式成立，丁文江先生为名誉主任，第一任主任是一位来自加拿大的古人类学家步达生（Davidson Black，1884～1934），副主任就是1928年从德国回来的杨钟健博士。

不过那时在周口店挖掘化石，可不像现在，只要拉上一圈警戒线，再找一个班的武警或保安，科学家们就可以在圈里踏踏实实地挖化石了。可那个时代且不说人员难找，钱不容易筹集，当时的中国还有点像前几年的伊拉克，只不过玩的不是路边炸弹，而是玩军阀混战，一会黎元洪和冯国璋打起来了，一会冯国璋又和曹锟打，接着是段祺瑞、张作霖，军阀之间谁也不服谁，在炮弹子弹底下挖化石难度有多大可想而知。

不过不管世道有多乱，1927年春，中外合作的发掘工作正式启动了，开始主持发掘的是中央地质调查所的地质学家李捷（1894～1977）和一位来自瑞典的古生物学家步林（Birger Bohlin 1898～1990），1928年4月，杨钟健先生接替李捷主持发掘工作。发掘开始以后的第一年虽然还是屡屡遭到军阀们枪炮的骚扰，但成绩斐然，不但获得了500箱化石材料，同时又发现了一颗保存完好的人牙化石，曙光终于冉冉升起。1927年12月，加拿大古人类学家步达生一篇名为"周口店堆积中一个人科下臼齿"的论文发表在《中国古生物志》丁种第7号第1册上。他根据这颗牙齿化石，把周口店发现的这种古人类命名为"中国猿人北京种"或叫"北京人"，后来的研究认为"中国猿人北京种"

是 60 万年前来到这里的，并在周口店生活了大约 40 万年的时间。但论文发表后招致许多非议，有人认为发现的材料太少了，光凭一颗牙齿化石就作出如此重大的结论太草率，太不靠谱。人家批评的也不是毫无道理，不过话又说回来了，既然已经发现了不止一颗牙齿化石，发现其他材料的日子还远吗？批评的声音就像从曙光前面飘过的一朵乌云，大家的劲头儿反而更大了。可是，发掘工作直到 1929 年 12 月 2 日以前，除了牙齿化石还真没有发现任何能证明存在"中国猿人北京种"的化石。

1929 年年初，杨钟健和一位法国古生物学家德日进去山西等地作新生代地质调查，夏天又和德日进参加了中法科学考察团。这个考察团实际上是法国雷诺汽车公司要在中国西部试验一种刚刚开发出来的沙漠车，但只是试验汽车又觉得不值得，于是就组织了这个考察团，希望一边试验车一边对中国西部作一番地质等方面的全面调查，而当时中国也对西部的状况缺乏了解，所以地质调查所派了杨钟健等，当时刚刚成立的中央研究院也派出了地质学、动物学及植物学等方面的专家参加了考察团。不过这个考察团也许因为一开始就目的不纯，一路上大家纷争不断，考察团到达新疆以后不欢而散，杨钟健从俄国绕道西伯利亚回到了北京，而此时，一件大事发生了。什么大事呢？

在杨钟健去山西等地和参加中法科学考察团以后，翁文灏先生就把周口店的发掘工作交给了另一位中国科学家，他就是被称为中国旧石器考古奠基人的裴文中先生（1904～1982）。裴文中是河北丰南县人，丰南现在是唐山的一个区。裴文中 1921 年考取北京大学预科，1923 年转入地质系本科。他家境贫寒只能在北大半工半读，期间他当过小学老师，给报社做过校对。另外裴文中的文笔非常好，在报纸上发表过小说、杂文等。他的小说还受到名家，比如鲁迅的称赞，称赞他的文风是"信手写来，不事雕琢"。裴文中 1927 年毕业以后，考取了中央地质调查所，任技师，1928 年被派到周口店协助杨钟健进行发掘工作。裴文中虽然不是学古生物出身，但工作非常努力，杨钟健曾经这样说："裴文中在日间工作之后，夜晚在灯下拿齐特（von Zittel）的

《古生物学教程》当圣经念。"① 周口店的发掘现场就像个采石场，风吹日晒不说，劳动强度极大，啥原因让裴文中的干劲儿如此之大呢？没别的原因，就是好奇心！他很快成为瑞典古生物学家步林最得意的助手。1929年初杨钟健去山西之前，步林也辞去周口店的工作离开了，翁文灏和新生代研究室的主任步达生商量以后，就把发掘工作交给了裴文中。

杨钟健参加的中法科学考察团在新疆散伙儿，他从西伯利亚绕道回来不久的1929年12月2日，一件震惊世界的事情发生了，裴文中在周口店发现了"中国猿人北京种"一个完整的头盖骨。在《周口店中国猿人成年头盖骨发现之经过》中裴文中写道："1号洞不及2号洞深，而且是水平向开口，11月29日，我不费什么劲就钻进去了。12月1日，我开始发掘填充这个洞的最上部堆积。第二天下午4点多钟，我发现了中国猿人的几乎完整的头盖骨。"② 这个头盖骨的发现终于可以让那些批评步达生材料不足的专家们住嘴了，周口店北京猿人终于羞答答地走了出来。不过事情并没有结束，周口店的这些人，他们是谁？真的是人类吗？来自哪里？这些看似简单的却是最要命的问题的答案在哪里呢？

如果真的是人类，起码要符合两个最基本的条件：第一会用工具，第二会用火。这些周口店都没有发现过。直到1929年，步达生仍然在论文里说，没有发现"任何种类的人工制品"和"任何用火的遗迹"。不过早在一开始，安特生就在周口店遗址发现过一些石英碎块，"很早就为安特生所注意，因为这种外来的石块可能是人类远古祖先所制造的石器"③。但由于没有进一步的证据，这个事情还不敢下任何结论，于是这个接力棒就交到了裴文中的手里。在裴文中发现第一个猿人头盖骨的同一个地方，他发现了一块有打击痕迹的石英片。但是包括他

---

① 高星，陈平富，强翼，等.2009. 探幽考古的岁月. 北京：海洋出版社.
② 裴文中.1990. 裴文中科学论文集. 北京：科学出版社.
③ 贾兰坡，黄慰文.1984. 周口店发掘记. 天津：天津科学技术出版社.

140 | 贪玩的人类❷：穿越百年的中国科学

自己在内的所有人都不敢断定这块石头就是古人用过的石器。石英是一种比较常见的矿石，是结晶的硅的氧化物，石英晶体会有很多颜色，透明的石英俗称"水晶石"，石英石也是古人用来打造石器的材料之一。周口店有没有石器，还需要一个权威说话才行。1931年权威来了，他就是法国著名史前考古学权威步日耶（Henri Breuil，1877～1961）。步日耶1931年访华，他在周口店作了详细的调查，这个老牌权威还真有所发现，他发现了骨器、角器和用火的痕迹。

于是关于石器的挖掘和研究大有进展，1933年又在周口店发现了山顶洞人，山顶洞人是一群生活在大约3万年前的古人类，其中发现了墓葬、人的遗骨、火烧痕迹、骨器、石器等。另外法国大权威步日耶还有一个更大的发现，这个大发现不是古董或石器，而是一个人，这个人就是裴文中先生。步日耶对裴文中的成绩非常赞赏，1935年裴文中被派往法国，在步日耶教授的指导下攻读博士学位。1937年裴文中获得法国巴黎大学博士学位，成为中国旧石器考古的开山之人。

杨钟健走了，裴文中去了法国，周口店是不是就没人玩了呢？不是的，还有人在玩，这个人就是后来成为中国科学院院士、美国科学院外籍院士、第三世界科学院院士的贾兰坡（1908～2001）先生。不过这个大科学家有一点与众不同，他不但不是本科出身，甚至连大学都没念过，学历是高中，是好奇心和神奇的史前历史研究让贾兰坡先生走进了科学的神圣殿堂，他用自己的智慧和终生的执著，成了一位著名的史前历史学家。

贾兰坡倒不是不愿意念书上大学，而是因为家里穷上不起。他是河北玉田人，玉田在北京的东边，地处北京、天津和唐山之间。贾先生小时候，他老爹是在北京打工的一个农民工，每月能挣18块大洋，寄回家10块。家里虽然很穷，但比起其他家庭还算不错，而且这些钱还可以让他进私塾念书。不过贾先生真正的启蒙老师是他的妈妈，据说妈妈经常给他讲"岳母刺字"和"精忠报国"的故事。1921年发生直奉战争，全家避难来到北京。1929年贾兰坡高中毕业以后，家里再也供不起他继续上学，辍学在家时他跑到北京图书馆去看书，《科学》

和《旅行杂志》引起贾兰坡对科学的好奇和兴趣。1931年，中央地质调查所招聘员工，他录取为练习生，和他同时考上的还有另外一位后来成为大家的卞美年先生，不过卞美年是燕京大学地质系毕业的大学生，他的职称和贾兰坡的差一个字——"练习员"。

到中央地质调查所以后，贾兰坡被分配到新生代研究室，但开始他并不管发掘的事儿，而是管财务出纳。那时发掘工作由洛克菲勒基金会资助，发掘工作除了科学家和技工，还有很多从附近找来的农民工。贾兰坡的任务是每天早上清点到场的工人，然后下班时发给工人一天的工钱。他的工作都集中在一早一晚，中间的时间就跑到发掘现场去看热闹，这一看，隐藏的好奇心就从魔盒里钻出来了，他边看边学，不但读中文书，他还把一本英文的《哺乳动物骨骼入门》通读了。1933年贾兰坡升任练习员，1934年升任技佐（相当于大学讲师），1935年裴文中去法国以后，周口店的发掘工作就由贾兰坡负责，就在他接手一年以后，1936年11月，贾兰坡先生连续发现了另外3个北京猿人头盖骨，周口店再次震惊了全世界。

中央地质调查所新生代研究室的中外科学家，在周口店的发掘取得了非常巨大的成功，可是灾难却紧跟着来了，1937年"七七事变"发生，抗日战争爆发。这一年已经升任技士（相当于副教授）的贾兰坡，为了不让周口店受到破坏，带人将遗址填埋。

这就是周口店开始时的故事。中国玩龙骨的人玩出了北京猿人，玩出了山顶洞人，那恐龙呢？中国人是啥时候玩出来的呢？

欧文爵士把这些生活在远古时代恐怖的大蜥蜴命名为dinosauria，中国人叫"恐龙"，不过"恐龙"这个词和"科学"及其他一些词语不是中国人自己起的一样，这些现代科学词语是日本人起的，"这个译名先由日本学者用起的，我国仿效就沿用了它……"[1] 人类对恐龙的了解和认识都来自化石，而化石中国早就有人玩，那就是龙骨。不

---

[1] 杨钟健.1957.演化的实证与过程.北京：科学出版社.

过关心龙骨的人除了郎中就是卖药材的商人，几千年来放进药锅的龙骨中，肯定有大量的恐龙化石可因为没人像曼特尔那样对这些大骨头属于什么动物产生好奇，所以千百年来龙骨除了被当成可以"镇惊安神，敛汗固精"的药材放进砂锅里熬以外，没有人发现这些龙骨真的是"龙"变的。

自从19世纪中叶曼特尔的第一个恐龙被命名以后，在欧美就掀起了一股发掘恐龙的热潮，比如20世纪二三十年代，两个美国古生物学家爱德华·科普和奥斯尼尔·马什之间的所谓"骨头大战"，就是为争夺恐龙而发生的。在中国最早发现恐龙化石的也是外国人，1902～1916年，俄国人在黑龙江发现的"阿穆尔满洲龙"，是在中国发现的第一只也是第一只被命名的恐龙，而中国人自己发掘的第一只恐龙也是中外科学家合作的结果。1923年，来自奥地利的古生物学家师丹斯基和中央地质调查所的地质学家谭锡畴（1892～1952）到山东省蒙阴县作地质考察时，发现了两具不完整的蜥脚目恐龙骨骼化石，后来师丹斯基把这些化石带回瑞典古生物实验室进行研究，发现这两具化石是同一种，并被命名为"师氏盘足龙"。"师氏盘足龙"是中外科学家合作在中国发现的第一只恐龙。

杨钟健先生来到中央地质调查所新生代研究室以后，除了主持周口店猿人的发掘工作，1932～1936年，他还多次赴野外进行地质与古生物考察，足迹遍布华北、华南、西北、西南广大地区。但是发掘恐龙在当时是一件挺不容易的事情，为什么不容易呢？是因为打仗？土匪横行？这些情况确实存在，但不是全部，那还有啥原因呢？还有一个比较戏剧性的原因，那就是要耐心地对付老百姓对龙的迷信。在杨钟健先生一本搁置了71年才出版的游记《剖面的剖面》里，记下了不少有关老百姓因为对龙的迷信而造成的很有趣的事情。比如在1936年，由杨钟健和一位美国古生物学家甘颇（Camp）带领的考察队来到四川自贡市的荣县，考察队在一个叫西爪山的地方挖出了恐龙化石，化石出土地点属于一个小地主，这位地主知道在他的地界发现了恐龙大惊，"龙在一般传说中，为奇世之珍，今又得其骨，其宝贵可知。无怪乎地主钟先生，视其土地中之产此，认为奇货，以为'龙为国瑞'（钟来信中语），乃来信有所要求。……信中措辞和婉，大要不外要'名'（作报告陈列须列其地主之名，并设法转请政府褒扬），要利（采掘之地需要作价赔偿）。"① 这个土财主出于迂腐的迷信想法，他觉得在他的地里发现"国瑞"可以发一笔横财，于是想敲诈杨钟健一番，杨钟健为不妨碍工作，只好耐心地回信给这位钟姓地主，告诉他"要报告及陈列说明地主姓名一项完全接受，至褒扬及地价二事，委出我个人权利之外，所以请他们呈县转省，咨南京实业部请求"①。

这些被土财主敲诈的化石后来怎么样了呢？这次发现的化石并不完整，而且看不出这些化石和已知恐龙属种的关系，杨钟健把化石标本带回中央地质调查所整理研究，关于这些化石的研究论文《四川蜥脚类之新化石及其他不完整爬行动物化石》发表在 1939～1940 年的《中国地质学会志》第 19 卷上。杨钟健先生在论文的最后这样写道："根据上述不同，我们很难将四川标本归于已知的相似种属中，而新建一属种：荣县峨眉龙 *Omeisaurus junghsiensis* gen. et sp. nov. 归在 Helopodinae 亚科中。属名是来自峨眉山，种名是化石产地荣县。"② 这是在四川第一次发现的蜥脚目恐龙，所谓蜥脚目恐龙，就是那种长着长长的脖子和尾巴，四条大粗腿，体型巨大的恐龙，这种恐龙是吃草的。在后来的数十年里，四川自贡地区又相继发现了更多更完整的恐龙和爬行动物化石，其中包括天上飞的、地上跑的，还有水里游的。如今自贡的恐龙博物馆是全世界最大的三个恐龙博物馆之一。

杨钟健是中国一位平凡而又杰出的科学家，他的事情是说不完的。他一生从事古脊椎动物学方面的工作，使他成为举世瞩目的著名科学家，英国大英博物馆里悬挂着 6 位世界著名古生物学家的画像和生平介绍，其中一位就是杨钟健先生。从事古生物研究必须走出家门，杨钟健为此不知走了多少路，爬过多少座山，趟过多少条河。他脚勤，

---

① 杨钟健.2009. 剖面的剖面. 北京：科学出版社.
② 杨钟健文集编辑委员会.1982. 杨钟健文集. 北京：科学出版社.

可是手也没闲着，笔耕不辍，杨钟健有一本自己编的《记骨室文目》，"以下所列文目，为自民国七年起，到廿六年五月止，我所作文字的年表"。这是他在 1937 年初编序里写的，这个薄薄的小本子是他为自己写过的文章作的目录，在 1957 年所作《重编记骨室文目》的序里，杨老先生写道："五十述往百句云'报国尚许久，工作宜更添'，六十述往百句云'应知十年后，另登一高峰'……"① 这篇重编目录，一共收录了杨先生 674 篇文章，包括科学论文、散文、杂文、评论、游记和诗词。"据我所知，在近代世界上一二十位著名的脊椎古生物学家中，有人说，以奥斯朋（H. F. Oshorn，1857～1935）的著作目录为最长。在 30 年代我所见到的他的著作目录，记不清，大约有五六百篇。奥氏生前是美国自然博物馆馆长。他的办公室旁边大厅内经常有一二十个助手，同时进行三五个到八九个研究题目的搜集、整理、描述、绘图等准备工作。而我们的杨老，条件远不及他好，助手也不及他多……"②

从杨钟健、裴文中、贾兰坡及许多人的这些故事，我们似乎可以得出一个小小的结论，那就是一个人无论是不是海归，有没有上过大学，家里是不是有钱，只要心里有对自然、对眼前广袤宇宙和大自然的好奇，还有他的智慧和执著精神，那么这个人就有可能成为一个令人尊敬的学者，一个响当当的科学家。而且这三个大学者里，没有念过大学的贾兰坡却有三个院士的头衔，这些倒不一定说明他比其他人的学问更好，但可以充分说明他的好奇心、智慧和顽强精神，因为美国科学院外籍院士和第三世界科学院院士的头衔不是拉拉关系、喝几杯小酒儿就能混上的。

---

① 杨钟健 . 1957. 重编记骨室文目 . 作者私人收藏 .
② 尹赞勋 . 2008. 缅怀杨老//秦怀钟 . 中国古脊椎动物学的奠基人 . 西安：西安出版社

第八章　又见西域之迹

　　2000 多年前，被汉武帝给弄得半残的司马迁，趴在条案上挥笔写道："骞以郎应募，使月氏，与堂邑氏胡奴甘父俱出陇西。"他写的是公元前 140 年张骞出使西域的故事。自从张骞的马队走出嘉峪关，开辟了著名的让阿拉伯的买买提能骑着骆驼走进华夏的丝绸之路以后，这条路就热闹了一番，然后又慢慢沉寂了，曾经喧闹的驿站关张了，渐渐淹没在莽莽沙海之下没了踪迹。2000 多年以后，一支驼队又走进了沙海，领头的是个大鼻子的瑞典人斯文·赫定。又过了很多年，斯文·赫定和一帮中国科学家一起，再次踏进沙海，迷失了上千年的西域之迹得以再现。

如果有个朋友拉你去新疆旅行，肯定马上会让你眼珠子瞪得老大，为啥这么沉不住气？因为新疆确实很吸引人，去新疆和去苏杭旅行的感觉是完全不一样的，为什么呢？也许是因为新疆比较远，另外新疆有很多很美、很神奇的事情，比如雪山、天山牧场、戈壁、沙漠、沙漠绿洲，还有美丽的维吾尔族姑娘、矫健的哈萨克族小伙子，这些在苏杭是别想看见的。可这些事情为什么会这么吸引人呢？最主要的原因恐怕就是对于很多人来说，新疆比苏杭的小桥流水显得更加陌生、更加传奇，这样的吸引力就会使眼珠子突然瞪大。

　　古代把新疆叫做西域，在历史记载里，西域更是一片陌生的、充满神奇的地方，传说那儿住着一位西王母，《竹书纪年》里记载，舜即位"九年西王母来朝"，就是说西王母来朝拜舜帝，她从哪里来呢？"签按地理志（），金城临羌县（），西北至塞外有西王母石室（），僊海盐池（），西有须抵池（），有弱水（），昆仑山"①，这是南北朝时期梁朝沈约写的注解，从这个注解可以知道那时候大家心里的西域是个啥样子。汉朝以前中原一带的老百姓没啥人去过，即使那时候有驴友也没人敢试图去拜见西王母的真容。在公元前 100 多年，司马迁坐在他的斗室里写《史记》，在《史记·大宛列传》的开头他这样写道："西域之迹，见自张骞。"意思是第一个见到西域的人是张骞。司马迁在介绍西域时这样说："大宛在匈奴西南，在汉正西，去汉可万里。……于阗之西，则水皆西流，注西海；其东则水东流，注盐泽。盐泽潜行地下，其南则河源出焉。多玉石，河注中国。而楼兰、姑师邑有城郭，临盐泽。盐泽去长安可五千里。"这里他说的西域就不仅仅是新疆了，他说的西域应该还包括现在的中亚五国，比如水往西流注入的西海，很可能说的是现在哈萨克斯坦和乌兹别克斯坦交界的咸海，那里确实有向西流的锡尔河，另外新疆的伊犁河也向西流，流入哈萨克斯坦的巴尔喀什湖，而古时叫大宛的地方据说在现在的阿富汗。不

---

① 浙江书局．1986．二十二子．上海：上海古籍出版社．

西域之迹，见自张骞。

过于阗、楼兰和姑师就属于咱们新疆的地界了。所以司马迁说的西域包括两层意义：一是新疆；二是广义的，一直延伸到黑海边上的西域。

《送元二使安西》是唐朝诗人王维的一首诗，其中有一句很有名："劝君更尽一杯酒，西出阳关无故人。"意思是，老兄再来一杯，走出阳关以后就没人认识你，也不会有人请你喝小酒儿了。还有一首唐诗是王之涣的《出塞》："黄河远上白云间，一片孤城万仞山。羌笛何须怨杨柳，春风不度玉门关。"这首诗把玉门关以外说得就更邪乎了，是连春风都吹不到，鸟都不拉屎的地方。那时新疆已经划归唐朝版图，唐朝政府在那里设立了安西都护府等好几个行政机构，可是从唐诗里可以感觉出来，唐朝人认为无论走出阳关还是玉门关，就进入了没了人烟的荒漠，把去西域视为畏途。不过在唐朝以前的汉朝，史书对那边的记载却不那么可怕，比如最早记载西域的《山海经》里有两卷《海外西经》和《海内西经》，都是写西域的。《海外西经》写的是中国以外的西域，里面有这么一段："诸沃之野，鸾鸟自歌，凤鸟自舞。凤凰卵，民食之；甘露，民饮之，所欲自从也。"意思是沃野之上，小鸟跳舞，凤凰唱歌，人吃鸟蛋，喝甘露，想干啥干啥，生活得美妙又自在。《海内西经》是写新疆这边的，里面这样写："流沙出钟山，西行又南行昆仑之虚，西南入海，黑水之山……国在流沙外者，大夏、竖沙、居繇、月支之国。"这里写的沙漠里不但有高耸的昆仑山，还有大夏、竖沙、居繇、月支之国等许多国家，感觉也不十分荒凉，鸟肯定会在那里拉屎。司马迁的《史记》里也有不少关于西域的记载，此外班固的《汉书》里也有很多。

为什么唐朝和汉朝对西域的看法如此不同呢？原因应该就是丝绸之路的兴衰。根据历史记载，丝绸之路是汉朝张骞出使西域以后开辟的，几百年以后，由于交通方式的进步，又有了海路，丝绸之路逐渐萧条，宋朝以后，除了暴走族就没啥人再愿意去走这条漫长的旱路了。而关于西域，除了《山海经》或《西游记》里充满神话的故事，其他的，比如楼兰到底是个什么地方，都渐渐淹没在袅袅沙海之中，变得模模糊糊。就这样，生活在中原的老百姓，都把西域视为畏途，没几个人有兴趣去再见张骞见过的西域之迹，这样的情况一直延续到了近代。

1927年5月，一大帮人登上了由北京西直门开往包头的火车，这群人里还掺和着几个黄头发的洋人。他们是去内蒙古的驴友吗？差不多，他们是由中国和瑞典等外国科学家共同组成的"中瑞西北科学考察团"的成员。这是中国有史以来第一次大规模的对西北部进行的科学考察活动，考察团有两个团长，一个是徐旭生（1888～1976），一个是洋人斯文·赫定（Sven Anders Hedin，1865～1952）。这个考察团为什么有两个团长？而且一个是中国人，一个是洋人呢？斯文·赫定又是谁？

这事儿还得从19世纪末开始说起。《史记·大宛列传》里记载的张骞出使西域的故事，已经过去2000多年了，到19世纪后期除了少数商旅以外，还很少有怀着科学目的的人踏足丝绸之路。中国西边的那片广大的地区，在地理学家和地质学家的心中还是一个谜。于是，从19世纪中叶开始，一些具有近代地球科学知识的外国探险家捷足先登来到了那里。1890年的冬天，一支驼队走进了新疆的喀什，"12月14日我们经过喀什噶尔的沙漠田周围的乡村，后来到了城外的俄国领事馆……喀什噶尔是一个特别的城市，因为它在世界上离海洋最远。中国的长官是道台，但那里最有权势的是彼得罗夫斯基，本地的人称他为'新察台台汗'。"[①] 这支驼队领头的人是一个个子不太高的洋人，他就是斯文·赫定，一个怀着好奇心和科学的目的来到中国西部的洋人。

斯文·赫定是一位著名的地理学家、旅行家和探险家。说起旅行家和探险家，脑子里肯定马上会出现一些人的名字，比如中国的张骞、郑和、徐霞客，外国的马可波罗、哥伦布、麦哲伦还有达尔文等。维基自由百科全书对探险家的解释是："为了探测新事物等目的而深入危

---

① 斯文·赫定.2010.我的探险生涯.孙仲宽译.乌鲁木齐：新疆人民出版社.

险或不为人知的地方进行探索的人。"斯文·赫定就是这样一个人，而且是用了几乎一生的时间在亚洲，主要是在中国西部探险的外国探险家。

斯文·赫定是瑞典人，1865年出生在斯德哥尔摩，这小子天生就是一个探险家的料，在自传里他这样说："人在幼时认清了他终生事业的趋向，是快乐的。那实在是我的幸运，当我12岁的时候，我的志向已经很明显了。我最崇拜的是飞尼科拍、朱里斯味伦……一班人，尤其是那些无名英雄和北极探险殉难者。"[1]他说的一班人都是去北极和南极探险的著名或非著名探险家还有殉难者。那时候去南北极探险的探险家，有点像今天登珠峰的人，很受年轻人的追捧。斯文·赫定就是因为受到这些人的影响，从小立志要成为一个南北极探险家。

斯文·赫定虽然是出生在斯堪的纳维亚半岛的瑞典人，可他不是人高马大、像大力水手那样健壮、典型的北欧人体格，他身材矮小，为了练出一身探险家的体魄，他光着身子在雪地里打滚，半夜打开窗户睡觉。除了锻炼身体，他还读了关于两极探险的所有新书和旧书，还自己画探险队的路线图，在地图上玩实弹演习。可他花了大量时间，作足了各种功课和各种准备以后，事情却发生了变化。刚刚中学毕业，有一天斯文·赫定被校长叫进了办公室，从校长办公室出来以后，一切就都变了，"但是事与愿违。1885年春季的一天，我将离校的时候，校长问我是否愿意到里海沿岸的巴库去担任半年的教职……我毫不犹豫地答应了，我想不知等到何时有人来供我赴北极去探险，现在即有机会到亚洲游历，也是不可轻易错过的。我便受了命运的驱使，前往亚洲。因此我幼年往北极探险的幻想渐渐地消灭，一生的光阴都消磨在世界最大的陆地上了。"[1]

1885年春夏之交，斯文·赫定乘船离开了斯德哥尔摩，渡过波罗的海来到俄国的圣彼得堡，在那里他第一次看到了光亮耀目的、洋葱

---

① 斯文·赫定. 2010. 我的探险生涯. 孙仲宽译. 乌鲁木齐: 新疆人民出版社.

头式的圆顶。然后又坐上火车途径莫斯科向高加索驶去，四天的旅途中穿着军装、挂着子弹袋的哥萨克士兵出现了，高大的、戴皮帽的高加索人出现了，接着他又换上由三匹马拉着的马车，颠簸在高加索峻峭的大山之中，当他们从峭壁和雪峰中钻出来以后，浩瀚的里海出现在眼前，最后他到达了里海边盛产石油的巴库（巴库现在是阿塞拜疆首都）。一路上绮丽的景色和多彩的民族风情把这个来自斯堪的纳维亚的小伙子彻底征服了，"这是一次伟大的旅行，我一生从未有过别的事可和它相比"①。斯文·赫定儿时的大志，南北极探险之梦就此烟消云散。

斯文·赫定在巴库教了大约 7 个月的书，挣了 300 卢布，"次年 4 月初，我教书的期限已满，决意用我赚得的 300 卢布往南旅行，经过波斯再到海滨"①。斯文·赫定拿着自己挣来的第一笔钱开始了他在亚洲的第一次探险之旅——波斯之旅。这次旅行不是他拍拍脑袋就走的，为此他也作足了功课，在巴库教书时他就开始学习鞑靼语和波斯话，临走时他已经可以说出一口流利的波斯话。波斯就是现在的伊朗，在西亚曾经建立过几个强盛的帝国，斯文·赫定在那里游历的时候是波斯最后一个君主，也就是巴列维统治的时代。他这次波斯之旅穿越了伊朗高原、伊拉克的美索不达米亚平原还有叙利亚的沙漠，去了德黑兰、巴格达和大马士革，游历了幼发拉底河、底格里斯河和无数阿拉伯美景。经过俄罗斯、黑海还有波斯之旅，斯文·赫定被西亚绮丽的风光和多彩的民族风情强烈地吸引了，好奇的小精灵开始在他心中乱蹦。回到瑞典以后，斯文·赫定为了获得更多关于亚洲的地理和地质学知识，他进入瑞典和德国的大学学习，并于 1889 年获得博士学位。

在德国，斯文·赫定在柏林大学地理系学习，师从李希霍芬（Ferdinand von Richthofen，1833~1905）男爵。柏林大学地理系是 19 世纪由著名科学家、地理学家亚历山大·封·洪堡（Alexander von

---

① 斯文·赫定 . 2010. 我的探险生涯 . 孙仲宽译 . 乌鲁木齐：新疆人民出版社 .

Humboldt, 1769~1859) 创建的世界上第一个地理系。李希霍芬是继洪堡之后又一位著名的地理学家，他还是研究中国的专家，曾经 7 次来中国旅行。他是第一个用"丝绸之路"来形容中国西部通往欧洲的贸易之路的人，他还正式指出了罗布泊的位置，另外祁连山脉的英文名称 Richthofen Range 就是以他的名字命名的。"李希霍芬氏于一八六八年到上海，周游中国阅四年之久，足迹所届，为广东、江西、湖南、湖北、浙江、江苏、安徽、河南、山东、河北、山西、陕西（南境）、甘肃（南境）、四川、贵州（北境）以及辽宁、内蒙古诸地，也还到过日本。他于一八七二年回到柏林，便整理此行所得丰富结果，陆续着手他的伟著 China。这部伟著虽然没有及身完成，但东亚全般的地质学无论地层方面或构造方面，总算从他的手里造成一个宏大坚实的基础。"[①] 在李希霍芬男爵那里，斯文·赫定又了解到西亚的东边，那片神奇的土地——中国，从此他对中国产生了极大的好奇和兴趣，他希望自己也能像当年马可波罗那样，穿越沙漠、戈壁和高原，走进那个神奇的国度，而且他真的这样做了，几乎用了一生。从 1890 年开始，斯文·赫定一共到中国探险旅行 5 次，1926 年那支中瑞西北科学考察就是他的第五次中国之行。

前面提到的，1890 年新疆喀什的骆驼队之行，是斯文·赫定作为一个地质学者的第一次中国之行。他的前四次旅行除了为满足心中的好奇外，还有一个主要的任务就是绘制详细的、当时还为很多人所不知的中国西部地图。他分别到达过新疆的帕米尔高原、塔克拉玛干大沙漠、藏北和藏南。在新疆，斯文·赫定玩出起码两件震惊世界、震惊中国的大事，啥大事这么牛？

第一件事是，1895 年 12 月，斯文·赫定第二次来到新疆。这次旅行他从喀什出发，于 1896 年 1 月到达了新疆的千年古城和阗（即现在的和田），又经过两个月的艰难跋涉，穿越塔克拉玛干大沙漠，3 月到

---

① 叶良辅，章鸿钊. 2011. 中国地质学史二种. 上海：上海书店出版社.

达库尔勒，然后又从库尔勒出发来到孔雀河的尽头，钻过浓密的芦苇丛，看到了碧波荡漾、生机盎然的罗布卓尔（罗布泊）。"傍晚时，我们的船摇出那狭道，到了宽旷的水中。无数野鹅、野鸭、天鹅和别的水鸟在那里游泳，它们就在北岸露宿。第二天到了湖的尽头，夜间在明亮的月光中回家。这就是在亚洲中部有意大利风味的夜间旅行。"①作为地理学家，这是斯文·赫定第一次到达罗布泊，并测绘了详细的经纬度、海拔等地理坐标。

第二件事是 1900 年他再次来到罗布泊荒原。"3 月 3 日，我们在一个 29 尺高的泥塔下支搭帐篷……现在我们是和世界隔绝了，我觉得仿佛是一个皇帝在他自己国内的京城中，世上没有别的人知道这个地方。"后来斯文·赫定和他的伙计们在泥塔周围，发现了古代钱币、丝织物和雕花的建筑构件，另外还有几片残纸和木简。"我回家以后将所有的文件和别的古物都交给威斯巴登（Wiesbaden）地方的卡尔·希姆来（Herrkarl Himly）。他第一个报告说那城名叫楼兰，在第三世纪时很是兴旺。"①德国汉学家卡尔·希姆莱在斯文·赫定带回来的一片残纸上发现了"楼兰"两个字，《史记》里记载过却又消失了 1600 年的西域古国楼兰苏醒了。这个发现再次震惊了世界，"叙述楼兰（Lou-Lan）城和我在那废址中极幸运所得的发现将可编成一整部书"①，斯文·赫定自己也觉得自己特牛。

斯文·赫定这几次在西域探险的时候，正是清朝末期国力最羸弱、政府最腐败无能的时代，比如斯文·赫定第一次在波斯旅行的 1885 年，中国和法国打了一场中国不败而败、法国不胜而胜的镇南关之战，签订了《中法天津条约》，让法国佬在中国取得许多特权，中国失去了对越南的控制，越南成为法国殖民地，还有法国战船可以停靠中国任何通商口岸等；而斯文·赫定重新发现楼兰的 1900 年，"神勇"的义和团正在到处杀洋教士和教民。那时的清朝政府还完全不懂得如何管

---

① 斯文·赫定.2010. 我的探险生涯.孙仲宽译.乌鲁木齐：新疆人民出版社.

理边境，洋人出入中国如入无人之境，护照几乎没有用。斯文·赫定也是如此，他几次来中国护照都压在箱子底下没用过。除了不懂边境管理，那时中国也没有人懂得地质学，更没人对探险感兴趣，"在民元以前国人几不知道地质为何物，调查地质为何事，所以一任客卿款关直入，驰聘往来，绝无一人去过问。"① 章鸿钊这里说的客卿就是外国来中国进行地质调查的地理学家、地质学家或探险家。第一个来中国搞地质考察的是一位美国地质学家和探险家，他叫 Raphael Pumpelly（1837～1923），章鸿钊把这个名字翻译为"奔卑来"，这个奔卑来是 1862年来到中国的，他在现在的中国东北地区、内蒙古，以及蒙古国、朝鲜和日本进行了三年左右的探险和考察。他把中国许多山脉特定的走向称为震旦方向（Sinian Direction），震旦这个词来自梵语，是古代西方国家对中国的一种称呼，震旦走向也就带有中国的山脉走向的意思。自打奔卑来以后，又来过无数外国的地质学家和探险家，包括斯文·赫定的老师李希霍芬，那时的中国完全成了外国探险家的游乐园。

这样的情况终于改变了，从前面几章已经可以看到，进入 20 世纪，尤其是辛亥革命爆发，中华民国建立以后，中国走向现代、走向科学的步伐加快了，这种变化是十分迅速的，过了不到 20 年，中国人不但已经懂得地质学，也有了许多很棒的地质学家，在丁文江、章鸿钊、翁文灏等前辈的带领下，一大批优秀的地质学人才来了，中央地质调查所来了，老外想来中国再也不可能"款关直入，驰聘往来，绝无一人去过问"了。

1926 年，斯文·赫定再一次来到中国，这次他是受德国汉莎航空公司（汉莎）的资助和委托，为德国汉莎开辟柏林到中国北京和上海的航线，作气象、地学和考古学方面的考察。20 世纪初，美国的莱特兄弟发明了飞机，十多年以后的第一次世界大战，飞机成了最可怕的武器。第一次世界大战结束以后，世界上开始有了民用航空公司，汉

---

① 叶良辅，章鸿钊.2011.中国地质学史二种.上海：上海书店出版社.

莎就成立于 1926 年，斯文·赫定这次受托来中国考察，说明汉莎那时就想开辟飞往中国的航线。作为一个在欧洲已经非常知名、在瑞典更是家喻户晓的著名地质学家，斯文·赫定这时已过花甲之年。这次来中国，斯文·赫定不是一个人单独旅行，随行的除了汉莎的航空专家和气象专家以外，还有几位地质和考古学的学者。一行人到达中国以后，斯文·赫定把随行人员安排在包头，他和一位德国飞行员来到北京，向当时的北洋政府递交这次考察的申请。他们计划先以驼队的方式，从北京到乌鲁木齐作 6 个月的考察，然后再用飞机进行空中考察，整个考察行动大约需要一年半的时间。

　　1926 年的中国政府是在奉系军阀张作霖的把持下，而且这小子正在忙着对付北伐军，虽然这个政府已经到了日暮途穷的地步，不过却还是个门面，洋人办事还是得找他们。斯文·赫定的申请交给了外交部，外交部部长顾维钧看了斯文·赫定的计划，他指着其中的空中考察计划说，老兄，这可不行！为啥？斯文·赫定问。你知道我这个外交部长根本就是个摆设，德国飞机一起飞，要是被哪个不要命的家伙一枪给打下来，这可不是闹着玩的，而且我根本也管不了！所以顾维钧拒绝了这个项目，不过对驼队考察他没意见。在北京，斯文·赫定又见到了他的瑞典老乡，1914 年受邀来中国农商部做矿政顾问的安特生先生。安特生对当时中国地质界已经十分熟悉，1921 年他和袁复礼（1893～1987）先生对河南仰韶村的发掘，以及在他的论文 An Early Chinese Culture 中首次提出仰韶文化这个概念，更让他在中国名声大噪。他建议斯文·赫定去见一见中央地质调查所所长翁文灏，如果得到中央地质调查所的支持，他们的考察将会更加顺利。于是斯文·赫定找到翁文灏，聊了以后，翁文灏一方面对这次考察非常感兴趣；另一方面，为保护国家资源不再被外国人随意拿走，他根据那时中央地质调查所已经与外国科学家签订的周口店共同发掘协议，也和斯文·赫定商谈一个共同的考察计划。经过双方谈判，不久签订了一个合作协定，协定的主要内容是中国两位年轻地质学家和一位考古学家参与考察，所得的考古、古生物和地质标本都应该留在中国。

可是,1927年3月,考察队刚想启程,出事了!北京的知识界突然掀起了一场轩然大波,"由于国内民族主义情绪高涨,斯文·赫定的科学探险活动越来越多地遭到北京学术界一些人士的反对,他们甚至呼吁禁止外国人在华的一切探险活动,勒令他们回国"①。这些学者主要是北大国学门的几位教授沈兼士、马衡、刘半农等,他们认为,斯文·赫定这帮人是黄鼠狼给鸡拜年没安好心,他们其实就是去西北掠夺中国文物古宝的强盗。很快一群来自北大国学门、国立历史博物馆、故宫博物院、清华国学院、京师图书馆、中央观象台、中国天文学会、中国地质学会等的学者召开了会议,向外交部提交抗议书,要求坚决制止斯文·赫定的行动,并以这些机构的名义成立了一个"中国学术团体协会",与斯文·赫定抗衡。

双重的历史在这里又出现了,几乎就在中国的学者、科学家们为保护国家珍贵的资源和遗产,与斯文·赫定抗衡的同时,1927年4月12日,蒋介石在上海对共产党大开杀戒……言归正传。

斯文·赫定很聪明,而且好在他也确实不是一个强盗,他感兴趣的是西域的科学价值,考察发掘出来的宝贝最后放在哪儿不是他最关心的,"对于我而言,我的古生物学家收集、分类和发表他们的发现描述,以使这些发现为科学界所知就足够了。至于这些藏品本身收藏在北京或斯德哥尔摩则是次要的事情"②。为了使考察顺利进行,他耐下心来和中国学术团体协会谈判,经过一番艰难的谈判后,中国学术团体协会对斯文·赫定也有了了解,但是他们认为不能让这个考察团完全由洋人控制,除了参加的人员要增加中国学者以外,起码要有一个中国人做团长,斯文·赫定表示同意。于是这个考察团就出来了前面说的两个团长,一个是斯文·赫定,另一位是做过北京大学教务长、北京师范大学校长的法国海归徐旭生先生。

① 李学通.2005.翁文灏年谱.济南:山东教育出版社.
② 罗桂环.2009.中国西北科学考察团综论.北京:中国科学技术出版社

"民国十六年（1927年）五月九日西北科学考察中外团员多人乘平绥铁路火车自北平出发，次日到达铁路终点站包头，与先遣人员会和。二十日以所顾驼队自包头北行，越过大青山于二十六日到达蒙古高原茂明安旗辖境戈壁草原上的胡加图沟。"[①] 1927年出发时，这个考察团里不光有两三位年轻中国学者，而是有10位中国学者参加，1929年中央研究院物理研究所的陈宗器（1898～1960），1930年北平研究院植物研究所的郝景盛（1903～1955）又相继加入考察团，考察团里的这些中国人，后来都成为中国各个学科的著名学者、大科学家。

　　这次中瑞联合进行西北科学考察是中国有史以来第一次对西北地区进行的多学科的大规模考察，而且成绩斐然，能够取得如此的成就当然是要感谢洋团长斯文·赫定先生的，不过中方团长徐旭生先生也功不可没。徐旭生其实不是考古学家，也不是地质学家，他是玩文科的，在法国他学的是西洋哲学，后来也是从事史学研究，可他怎么会参加这次考察，还功不可没呢？"我此时，住在北京甚闷，也想跟着出去玩玩，大家就以团长相推，原因大约：第一因为我比他们大两岁；第二也或者因为我对科学毫无所长，使我招呼团里的行政，也是使我容易藏拙的意思。"[②] 这是徐老在他的《徐旭生西行日记》开篇自己写的，其实他是自谦，正是由于徐老比大家大两岁，所谓德高望重，可以协调考察团里中国学者与洋学者之间的关系，使考察团的各种工作得以顺利进行。这种协调工作在考察团里是非常重要的。不就是一起考察吗？为什么要如此强调协调呢？因为考察团里中国学者和外国学者的思路不同，但钱是人家老外出的，所以对中国学者提出的一些建议，斯文·赫定不一定赞成。为此徐旭生做了很多协调工作，不但让斯文·赫定服气，也维护了中国学者的权益，斯文·赫定也说"徐炳昶（徐老字炳昶）是中国学者和学生的领袖"[③]。

---

　　① 刘衍淮.1975.中国西北科学考察团之经过与考查成果.台北：师大学报，（20）.
　　② 徐旭生.2000.徐旭生西行日记.银川：宁夏人民出版社.
　　③ 罗桂环.2009.中国西北科学考察团综论.北京：中国科学技术出版社.

这次考察，中国学者们表现出的顽强精神、探索精神、学习精神和科学精神，是值得如今任何一个对大自然充满好奇的人敬佩、赞颂和学习的。

所谓顽强，首先就是要对付极其恶劣的条件，这帮考察队员面对的情况是现在的驴友和背包客无法想象的。现在听起来骑骆驼旅行多爽啊！即使像暴走族那样，迈开双脚走路也算不了什么！可是考察队的前面是几千公里的路途，一走就是几个月，想搭顺风车根本没门儿。一路上荒无人烟，气候变幻莫测，不时有沙漠"黑风"，炎热加严寒，时不常还会断水、断粮、断炊。"时为深秋，最低温度恒降至－10℃以下，经戛顺湖西岸北行，进入蒙古国边境山地后，天寒地冻，水草缺乏，骆驼相继病倒多匹，途中并曾遭遇数次大风雪，肉食告罄。因荒无人烟，无可购买，仅赖偶猎野羊或杀病驼补充，日以两餐果腹，无水之地，赖载运之水解渴，餐后每人限饮一杯。"[①] 除此以外考察队还要想办法对付不讲理的军阀和土匪的骚扰。

除了在体力上必须顽强，这些中国学者在学术上也必须顽强。考察团由中外学者组成，来自西方的都是很有经验的学者，而中国学者多数都相当年轻，还不具备多少经验。但是，洋人能做的，中国人就做不到了吗？事实证明，他们可以，并且做得非常出色。1928 年 10 月，考察团进入新疆，当时已经任考察团中方团长的袁复礼先生，在新疆吉木萨尔县三台发现了古生代二叠纪二齿兽和中生代三叠纪水龙兽的化石。这是在亚洲第一次发现爬行动物化石，这个发现推翻了过去外国地质学者认为天山东部不可能有化石的看法。此外还有一个更惊人的发现，经过对这批化石的进一步研究，1934 年袁复礼和杨钟健先生发表《新疆二齿兽的发现》和《新疆穆式水龙兽的发现》两篇论文，这两篇论文马上震惊了全世界。为什么会震惊世界呢？20 世纪初，德国伟大的地理学家魏格纳提出了"大陆漂移说"，魏格纳认为远古时

① 刘衍淮．1975．中国西北科学考察团之经过与考查成果．师大学报，（20）．

代北美洲和欧亚大陆是相连的一块古陆，在二叠纪和三叠纪时期由于板块漂移才逐渐分开，形成大西洋。北美洲曾经发现过二齿兽和水龙兽的化石，袁复礼在新疆也发现了这些古生物的化石，在大西洋的两岸发现同一种古生物物种，无疑是对刚刚兴起的"大陆漂移说"强有力的支持。袁复礼先生也因他的卓越成就获得瑞典皇家科学院颁发的"北极星"奖章。

所谓探索精神，中国学者的这次考察目的就是探索，就是为了再见西域之迹。西域对于当时中国的学者，尤其是地质学、古生物学和考古学学者来说是一个陌生而又充满魅力的地方。自从近代科学来到中国，探索西域就成为科学家们心中的一个梦，这次终于有了赴西域实现梦想的机会，而且他们成功了。1927 年 5 月，考察团从北京出发，在包头与先期到达的外国团员会合，为了筹备采购考察所需的骆驼和粮食等，考察团决定在包头休整两个月。休整期间中国科学家即来了一个开门红，1927 年 7 月 3 日，当外国考察团团员凑在帐篷里商量考察计划的时候，中方考察团的地质学者丁道衡（1899～1955）在包头以北大约 300 公里的白云鄂博发现了一个大型铁矿。丁道衡先生在参加考察团之前，是北京大学地质系的一名助教。他的发现马上受到重视。北大地质系地质学家何作霖（1900～1967）分析后采集回的样品后发现，其中含有稀土类矿物，后来探明白云鄂博的稀土储量极大，占全世界已探明总储量的 5/6！

还有一个大发现是黄文弼（1893～1966）先生的功劳。黄文弼毕业于北大哲学系，参加考察团以前是北大国学门的助教。1927 年 9 月，考察团到达内蒙古最西部的额济纳河，10 月黄文弼向北出发，意在探寻古籍中记载的居延城，但是没有找到。不过他却在额济纳河东岸发现大量烽燧，他艰难地在烽燧中探索前行，"下水涉坡，上坡亦足履戈壁 10 里，痛如刀割，步步艰难，然为探查古迹计，忍痛前行，卒达圆满结果"。在这些已经荒芜了 2000 多年的汉代烽燧、古堡之间，黄文弼发现了汉代木简。由于考察团已经西行，为追赶大队，黄文弼没有继续挖掘。根据黄文弼的这次发现，1930 年瑞典团员贝格曼再次前往发掘，共发掘出各种木简几千枚，这批木简的发现，成为中国甚至世界考古学的一次重大发现，而关于这批来自几千年前的信使——居延汉简的研究一直延续到了今天。

关于学习精神主要体现在几个年轻的中国学者身上，其实那时候他们只是刚刚毕业或还没有毕业的北大学生。中瑞西北科学考察团很重要的一个任务是考察沿途的气象状况，比如风速、风向、云层、沙尘、湿度、温度、气压等，为此德国气象专家带来了当时最先进的气象仪器。而当时中国在气象研究方面刚刚起步，根本派不出一个专业的气象学家，于是中国学术团体协会在北京公开招考团员，四位北大的学生被录取，他们是土木工程系毕业的崔鹤峰，物理系四年级学生马叶谦（1901～1929），物理系二年级学生李宪之（1904～2001），物理系预科生刘衍淮（1907～1982）。中国的团员是几个初出茅庐的毛头小伙子，而德国却是几个大专家，一位是气象专家赫德先生，一位是航空专家和精确测量专家狄得曼，另外还有一位摄影师李伯苓。几个德国佬一看见这几个小伙子，头就大了，开始他们很看不起这几个中国团员。德国佬的心情倒是也有几分道理，就像如今一帮很有经验的科学家来到一个穷乡僻壤搞地质或气象调查，穷乡僻壤的乡亲们非要派几个当地的秃小子一起参加调查，这肯定会让有经验的科学家感到头大，也会觉得不靠谱。而且情况也确实如此，德国人带来的仪器，这几个中国团员从来都没见过，更别说去使用了。但是，后来的事实证明，我们中国的学生非常争气，他们不但学会了使用那些高级仪器，而且为这次考察立下汗马功劳！"以团员李宪之为例，他刚刚学习德文半年，就用德文给德国气象专家写了一封信。赫德在考察团大本营收到信后，大感意外，他在其他团员面前朗读并传阅了这封信，欧洲团员对中国人聪明好学、吃苦耐劳的精神留下了深刻印象。在若羌气象站工作期间，李宪之的工作超过了以工作认真负责、严谨细致而闻名于世的德国人。赫德批评他的同胞、德国航空人员狄得曼而表扬李宪之。狄得曼本人也承认中国人是好样的。"[1] 后来马叶谦先生在考察中不幸去世，李宪之先生和刘衍淮先生经赫德先生的推荐，赴德国深造，李宪之成为中国气象科学研究的奠基人之一，清华大学气象系主任；刘衍淮成为气象教育专家、台湾师范大学教授。

那什么是科学精神呢？这次中瑞西北科学考察团对西域的考察从1927年开始，直到1933年方告结束，按照刘衍淮先生的总结，这次考察共有六项重大成果：①白云鄂博大铁矿的发现；②古生代到中生代爬行动物化石的发现；③额济纳河一带大批汉简的发现；④创设西北测候网，奠定开辟欧亚航空交通的基础；⑤西北地区正确地图的测绘；⑥罗布泊是游移湖的确定。其实这只是可见的成果，而不可见的成果也以刘衍淮先生的话说："考察团自出发到全部团员返回为时五年余，中外团员三十余人，汉、蒙、回、维吾尔、哈萨克、白俄雇员夫役在最盛时达50余人，足迹遍及绥远（这里刘衍淮是指内蒙古——笔者注）、宁夏、甘肃、青海、新疆诸省及西藏与外蒙之一部分……以不同国籍，不同语言如此多人，能共同工作，共同生活如此之久，真是难能可贵。斯文·赫定年逾耳顺，甘冒寒暑风雨，跋涉艰苦，为科学再接再厉之精神，真令人钦佩，彼学识渊博，经验丰富，宽宏大量，乐于助人……中外团员之长期共事者亦多成为至友，是中国西北科学考察团不仅在学术上有重大贡献，在国民外交方面也极为成功。"[2] 这也许就是所谓的科学精神，科学精神不仅仅属于瑞典人或中国人，不仅仅是考察本身，科学精神也是各国、各民族之间友谊的桥梁，是人类文明和人类优美品格的体现。

"中国西北科学考察团自民国十六年（1927年）五月出发开始，到民国二十二年（1933年）新疆内蒙及甘肃、青海考查结束止，历时六年余，参与工作学者之多，所考察科学部门之广，收获资料之丰，在

① 张九辰，徐凤先，李新伟，等．2009．中国西北科学考察团专论．北京：中国科学技术出版社．

② 刘衍淮．1975．中国西北科学考察团之经过与考查成果．台北：师大学报．（20）．

我国科学考察史上，不仅空前，或亦绝后，所搜集之科学资料，因受抗战戡乱与第二次世界大战影响，至今仍未全部整理完毕，公诸于世。"①

如今时间已经过去 80 多年，那些曾经走在漫漫考察之路上，又见西域之迹的学者们大都已经乘鹤西去了，他们为我们留下的除了那些丰富的科学资料外，还有他们的顽强精神、探索精神、学习精神和科学精神。

① 刘衍淮.1975.中国西北科学考察团之经过与考查成果.台北：师大学报.（20）.

第九章 中国的花仙子

如果读过一点科学史就会知道，植物分类学的老祖宗是那个喜欢玩花儿、喜欢玩小草儿的瑞典人林奈，后来大家给他起了个外号叫"花仙子"。可林奈小时候不是个好学生，经常被老师处罚，他曾经说"处罚，不断地被处罚，教室是最令人坐立难安的地方"，学校好在没有把他对植物的好奇心泯灭掉，后来让他成了现代生物学的一位开创者。中国也曾经有过喜欢玩植物的人，最早的一位应该就是神农，还有李时珍，他对植物非常了解。但是因为古代中国玩植物的目的过于实用，没能让神农和李时珍成为植物学家。中国的现代植物学，是在20世纪初那个战火纷飞的时代从南京东南大学农业专修科开始的。

如今最受大人小孩儿关注的、最令人好奇的科学研究，非寻找上帝粒子的LHC（也就是所谓欧洲强子对撞机）莫属，虽然没几个人能说清楚上帝粒子到底是个啥东东，还有LHC到底会在一瞬间用掉多少电。或许就是因为不知道，所以会让大家总是伸着脖子想闹个明白。还有一样没几个人能说清楚的科学技术，那就是克隆，据说生物学家在4000多年前灭绝的猛犸象遗体中发现了DNA，用克隆技术就可以复原猛犸象，甚至有人说恐龙也可以复原！什么是克隆呢？太神奇了。

　　人类研究高能物理的历史不超过100年，可人类研究生物却已经有老鼻子长的时间了，如果把出于对动物、植物的好奇或兴趣，进而去玩的人都叫生物学家的话，那咱们中国有一个人应该算最老最老的生物学家了，他是谁呢？他就是尝百草的神农老爷爷，神农老爷爷应该是全世界第一个生物学专家。现在说起生物学，肯定马上就会让人想到基因啊、DNA还有克隆技术什么的，这和神农老爷爷有关系吗？现代生物学虽然已经十分高深，不过无论多么高深的学问都有一个非常简单、非常平凡的开始，尝百草的神农老爷爷就是开始时那个最伟大的领路人。

　　人类之所以对生物产生兴趣，玩出从神农老爷爷到如今动不动就基因、DNA的生物学，原因一定是从吃开始的。人为了填饱肚子每天要吃东西，吃的都是什么呢？比如猪肉、牛肉、羊肉还有鱼，另外还有蔬菜，像菠菜、大萝卜啥的，这些全都是生物，没听说哪位大仙儿能像小草儿或大树那样利用光合作用、从土里直接汲取矿物质营养。人为了解决肚子的问题，每天都要和食物打交道，所以关心生物是必需的。不过，生物学就是因为贪吃，因为需要，因为成天要和生物打交道而产生的吗？那农民伯伯不就都可以是生物学家了？生物学家是出自农民伯伯吗？恐怕不是。《淮南子》里这样说："神农尝百草之滋味，一日而遇七十毒。"神农老爷爷尝一天的百草就遇见70种有毒的！农民伯伯会这么玩命吗？肯定不会，可神农老爷爷怎么就会这么玩命，死都不怕地去尝百草呢？按照现代人的逻辑，肯定是他对这件事太好奇，太有兴趣了，否则的话谁会这么玩命呢？所以生物学的产生源于那些对生物发生好奇心，产生兴趣的人，当然这些人也完全可能是农民。

不过生物学不光是到处去尝百种草、千种草甚至万种草，按照《简明不列颠百科全书》的解释，"生物科学是研究生命现象的诸般科学。生物学一方面与物理、化学等交融形成生物物理和生物化学等边缘学科，另一方面在内部又划分为若干分支"……所谓内部划分的分支包括动物学、植物学、形态学、生理学等。还有一点很重要，"但生命科学的研究中心是一切生物共有的特征现象"，比如细胞，还有 DNA。

欧洲在古希腊时代就有人开始研究这样的生物学，古希腊伟大的学者亚里士多德，他不但是一个哲学家、天文学家、物理学家，还是古希腊生物科学的集大成者。亚里士多德的《形而上学》、《物理学》、《天象论》和《宇宙论》都非常著名。另外，他还写过很多有关生物学的书，比如《动物志》及所谓动物四篇——《动物之构造》、《动物之运动》、《动物之行进》和《动物之生殖》等，亚里士多德对现代生物科学的贡献应该说是巨大的，为后来的现代生物学开了一个好头。

这样的生物学中国古代还没有，不过中国古代不是没有对生物具有好奇心、感兴趣的人，除了神农老爷爷，按照中国生物史学家的研究，在一本很古老的书《尔雅》里，就有很多关于生物的记载，"中国周代（公元前 11～前 4 世纪）所著的《尔雅》，其中动物学知识已建立虫、鱼、鸟、兽四大分类系统，叙述动物的习性、行为、飞翔特征、雏鷇区分等……记叙动物 290 种……"[①] 关于中国古代，生物史学家还列举了一些与生物学有关的书籍和人，比如出于公元 100 年左右的《神农本草经》里记载了 356 种药物，其中植物药 252 种，动物药 67 种；公元 300 年左右西晋的张华所作《博物志》，记载了动物学知识 30 条以上，描述了动物习性，并且第一次记载了蚕的孤雌生殖、"先孕而

---

① 郭郛，钱燕文等.2004.中国动物学发展史.哈尔滨：东北农业大学出版社.

后交"等。①

既然史学家都说中国古代有这么多对生物好奇的人，还写了书，为什么中国就没有为现代生物学作出太多的贡献呢？比较一下也许就能发现问题的答案了，先来看看中国人写的书。

《尔雅》是一本什么书呢？中国把《尔雅》、《说文解字》等都归于类书，类书有点像现在的字典或百科全书。《尔雅》把各种事物归类分成诂、言、训、亲、宫、器、乐、天、地等，然后再作一些简单的解释而写成，比如第一卷《释诂》的第一条是"初、哉、首、基、肇、祖、元、胎、俶、落、权舆，始也"，然后还有"怀、惟、虑、愿、念、惄，思也"等。这些都是什么意思呢？《尔雅》告诉大家"初、哉、首、基、肇、祖、元、胎、俶、落、权舆"这几个字词，都是开始的意思——"始也"；"怀、惟、虑、愿、念、惄，"这几个字都是思考的意思——"思也"。《尔雅》全书19卷，除了前面12卷以外，还有7卷是写生物的，是《释草》、《释木》、《释虫》、《释鱼》、《释鸟》、《释兽》、《释畜》等，这几卷把不同的生物分出草、木、虫、鱼、鸟、兽、畜等种类。每一卷里关于某种生物的描述也很简短，比如第十七卷《释鸟》里"燕，白脰乌"，意思是燕，也叫白脰乌，后面就没有更多的解释了。而解释比较多的，如第十八卷《释兽》中，"狼，牡犲蘮，牝狼，其子獥，绝有力迅"，一共13个字，意思是狼，雄性的叫犲或蘮——"牡犲蘮"；雌性的就叫狼——"牝狼"；小狼仔叫獥——"其子獥"；另外还稍微描述了狼的习性，说狼的力气非常大，而且跑得非常快——"绝有力迅"。

《神农本草经》是一本药书，书里聊的无论是动物还是植物都和治病有关，比如里面记载的粟米："粟米，味咸，微寒。主养肾气，去胃、脾中热，益气。"

《博物志》又是怎么回事呢？《博物志》的作者叫张华，他是司马昭的儿子西晋武帝司马炎手下的重臣，那他的《博物志》是怎样的书

---

① 郭郛，钱燕文等.2004.中国动物学发展史.哈尔滨：东北农业大学出版社.

呢？一开篇他说："余视《山海经》及《禹贡》、《尔雅》、《说文》、地志，虽曰悉备，各有所不载者，作略说。出所不见，粗言远方，陈山川位象，吉凶有征……博物之士，览而鉴焉。"意思是《山海经》、《禹贡》、《尔雅》、《说文》等书籍里关于地理等事情，虽然都已经写得很详细，但是也有一些没有记载的，作者只是把这些书没有写进去的事情略作说明，"虽曰悉备，各有所不载者，作略说"，对博物感兴趣的人可以看一看："博物之士，览而鉴焉。"这本书共有十卷，主要内容是地理人文风物等，比如山水总论、五方人民、物产、异人、异俗、异产、异兽、物性、方士、人名考、服饰考等。那什么是《山海经》、《禹贡》、《尔雅》、《说文》没写进去的呢？比如那些书里说了一些生物的名字或大致的习性，《博物志》里描写得就更详细一些，在第四卷《物性篇》里作者描述了生物的生殖，"九窍者胎化，八窍者卵生，龟鳖皆此类，咸卵生影伏"。什么意思？他告诉大家，身上有九窍的动物都是胎生的，八窍的都是卵生，龟鳖就是卵生的，不过不是在母体内孵化，而是在母体外孵化的。后面还写了蚕："蚕三化，先孕而后交。不交者亦产子，子后为虫，皆无眉目，易伤，收采亦薄。"意思大概是蚕会变化三次（幼虫、蛹、成虫，也就是昆虫所谓的变态），先怀孕而后交配。不交配产出的子，变成成虫（也就是蚕蛾）的，没有蚕眉，容易死，产丝也很少，这里张华发现了蚕的单性生殖现象。

再来看看古希腊的亚里士多德，看他的《动物志》是怎么写的。亚里士多德的这本书共 9 卷，每卷分别描写动物的整体结构和营养、血液系统，动物的骨骼和解剖，肌肉、骨髓，软体动物，交配、繁殖，各种鸟和鱼类，人的妊娠，心理，动物的习性等。亚里士多德的这种写法，是从动物的整体到一些细节，然后再到心理、习性等更深入的层次，读者看这本书，可以在不同的章节里看到关于某种动物整体和细节等不同情况的描述。在第一卷第五章里亚老爷爷和张华一样也写了动物的生殖："又，有些动物胎生，另些卵生，一切被毛的动物，均属胎生，不被毛的，如人、马、海豹，亦为胎生；海洋动物中，鲸类如海豚和所谓'软骨鱼'（鲨或鲛类）亦为胎生（这些海洋动物，如海豚与须鲸无鳃而有气管；海豚的气管经过背部，须鲸的气管位于头前部；另一些，如软骨鱼之鲨和鳐（魟）具有无盖鳃）。"[1] 关于昆虫的变态，亚里士多德也聊了："原先，不够一颗稷粒那么大；继而成为一条小蛆；三日之内这又变为一条小蝎。随后它继续长大，而又骤然静息，换却形貌，这时改称为一只'蛹'。蛹的外皮是硬的，你倘予触动，它有感应。它自系于网丝；不具备口和其他明显可识的器官。隔一会，外皮开拆，一只有翼的生物飞出来，这个我们就叫它'仙女'。"这里亚里士多德写的是所谓昆虫的完全变态，张华写的不是完全变态。很巧的是，亚里士多德也描述过一些昆虫单性生殖的事情，在第五卷第十九章里他写道："于虫类而言，有些是由虫种生殖的……另些虫类不由亲生，而由自发生成……"[1] 第二十一章里他又写道："关于蜜蜂的生殖，流行有不同的理论。有些人认为蜜蜂不行交配，亦不生子，它们搬取他幼虫体为己子。"[1] 秉志先生这样评价："亚氏对于生物之生活史观察至精，无脊椎及脊椎动物之发生现象，一切特别之点，皆为其注意所及。如雄蜂之发达，不需卵之受精，即生物学所谓孤生（一名单雌生殖）现象也，彼于当时即观察详确。"[2]

从这些比较可以看到什么呢？第一个可以看出来的就是，无论中国和古希腊，都有人对生物有着非常强烈的好奇心，这一点大家都一样，没啥差别。可是从这些比较又可以看到一些差别，而且差别还比较大。那是怎么个差别呢？

首先是关心的角度不一样，咋个不一样呢？先说中国，中国人由于好奇心对各种生物作了很仔细的观察以后，马上就把好奇心转移到实用的问题上去了，比如《尔雅》，书里描述了很多动植物，可这本书是一本词典，是儒家经典十三经里的一本书，读书人读《尔雅》的目的是学会怎么说"雅言"，而不是为了了解动植物的习性，所以《尔雅》对玩训诂的人是非常有用的。《神农本草经》就更是实用得不得了

①　亚里士多德.2010.动物志.吴寿彭译.北京：商务印书馆.
②　翟启慧，胡宗刚.2006.秉志文存.北京：北京大学出版社.

的书了，那《博物志》是不是带点博物学的味道呢？的确有那么一点，不过总的原则还是实用，作者在引言里说了"陈山川位象，吉凶有征……博物之士，览而鉴焉"，原来还是为了从这些博物学的知识里去辨别凶吉运气。不过亚里士多德写《动物志》似乎没去考虑这些动物和人有啥关系，他是从动物本身出发，描写怎么从一个小蛆虫，变成美丽的蝴蝶。

第二是语言，中国的学者们早就发明了一种叫做"文言文"的体裁，啥叫"文言文"，本书第三章已经说过，"文言文"描述事物不玩严谨和准确，"文言文"玩的是意境，像《博物志》里说"九窍，八窍"，这个说法很难分辨到底是说的什么动物。亚里士多德说被毛的动物，只要看见身上长毛，傻瓜都会明白老爷子说的是什么动物。因此文言文大大地阻碍了知识的传播，没看明白谁会去做粉丝呢？另外不光读不懂，叙事还非常简单，甚至就几个字，而且毫无逻辑，东一榔头、西一棒子的描述，很难让读过的人发生逻辑性的联想和推论，于是好奇心和知识没有成为接力棒让后来的粉丝继续玩下去，而是到此为止了。

所以后来的中国虽然也有很多对自然、对生物充满好奇的人，并且写了很多书，比如北魏的《齐民要术》，唐代的《蚕书》，宋代的《蜂记》、《梦溪笔谈》，还有明代的《本草纲目》、《天工开物》、《农政全书》等，不过因为这些著作都出于比较实用的目的，对某些生物作比较粗放的，系统性、逻辑性不强的描述，也就不会发现生物共有的特征，也就是我们现在所说的科学规律。不过中国古代并不是对生物学一点贡献都没有，中国古代的那些书籍，起码为生物学提供了宝贵的历史资料。

可为什么实用目的就不会发现科学规律呢？中国在非常古老的时代就琢磨出"天人合一"的观念，并且把这个观念作为放之四海而皆准的真理，那什么是"天人合一"呢？其实就是非常注重宇宙、自然和人之间的关系，古人认为天和人是可以感应、交流的，是互相起作用的，所以古代中国的学者研究生物也都看做和人有关的事情，比如农业、畜牧、食品或与治病有关的草药，没有把生物作为一种独立的、和人没关系的事物去研究。"天人合一"不对吗？生物学不就是因为吃才玩出来的吗？"天人合一"作为一种人类的终极理想应该说没有错，不过世间万物不一定都和人有关系，虽然生物学开始是因为想填饱肚子，可是作为一种学问就不仅仅是为了肚子这点问题了。

古希腊的亚里士多德老爷爷没有琢磨天、宇宙、自然和人到底有啥关系，他是把生物作为一种单独的、和人没有关系的学问，也就是知识去研究，而不光是甚至根本就不是为了填饱肚子。在《动物之构造》这本书里他这样说："每一门有系统的学术，最卑下的和最高尚的学术一例都显见有两样娴习的方式；其一可称之为有关实事实物的知识（实用知识），而另一则为可把那一门学术施之于教授的知识（理论知识）。"[1] 亚里士多德是想通过自己的研究，把他所了解的知识变成可以教授给学生的知识。那什么才是可以教授给学生的知识呢？其实就是我们现在在小学、中学和大学学习的物理、化学、生物，还有文学、逻辑学和历史等，这些知识不一定马上就能派上用场，不过肯定是可以教授的。那这些知识是怎么来的呢？那就是抛开实用的目的，由于好奇心的驱使，对客观事物进行观察，再经过逻辑分析、推理而得到的，这就是所谓科学思维和科学方法，用这些思维和方法就可以总结并发现客观事物自身的规律，也就是科学。所以在亚里士多德老爷爷的教导下，在欧洲后来的几百上千年里，又有很多很多对生物有好奇心、感兴趣的人，像一场接力赛一样，把这门学问一直延续下来。

虽然欧洲也经历了上千年的黑暗时代，但是 17 世纪以后，一群人从文艺复兴中走了出来，他们之中就有那个瑞典人，被称为花仙子的林奈，他的那本只有 12 页的《自然系统》，建立起了生物界的分类系统，他还创造了双名命名法；法国拉马克的《动物哲学》首先提出了生物进化的观念；爱沙尼亚的贝尔开创了胚胎学；德国的施莱登和施旺建立了细胞学；法国的巴斯德建立了微生物学；奥地利的孟德尔发

---

① 亚里士多德.2010.动物四篇.吴寿彭译.北京：商务印书馆.

现了遗传规律等。花仙子林奈当年那本 12 页的《自然系统》已经变成 1300 多页的巨著。来到现代,生物学从分类学、胚胎学、细胞学、微生物学等走向了更加高深莫测的分子生物学、基因生物学、生物工程等。如今说起来就能想起基因,想起 DNA 和克隆的生物学不仅是一门极为高深的,而且是人们生活中不能缺少的大学问,连老百姓都知道三聚氰胺是不可以放进牛奶里的。

虽然现代生物学没能出现在中国,不过中国却是生物学的摇篮之一。除了前面提到的中国古代书籍,为现代生物学提供了很重要的历史资料以外,中国最早一个和花仙子林奈差不多、用科学的方法去玩植物的人叫钟观光(1868~1940),他是清朝光绪年间的一个秀才,浙江宁波人士。一个浙江的秀才怎么会成为和林奈一样的人呢?林奈是对植物产生了好奇,他在北极圈里的拉普兰冰原上发现了很多新种植物,他写的只有 12 页的《自然系统》,让他成为植物分类学的鼻祖。宁波钟观光则是被西子湖畔丰富多彩的植物吸引,并且在后来几乎走遍全中国,采集了几十万号植物标本,不但在北京大学建立了植物标本室,也成为中国用科学的方法采集和制作植物标本、进行植物学分类的第一人,虽然是没有受过一天现代高等教育的秀才,可他是中国第一个名副其实的花仙子。

和洋人一样都揣着好奇心,同样拥有无限的智慧,所以作为教科书的生物知识也一样会来到中国。那中国可以作为教科书的知识是什么时候,谁先开始写的呢?辛亥革命胜利,中华民国建立以后,1914年,一本《动物学》教科书由商务印书馆出版了,这是中国有史以来第一本生物学教科书,这本书是丁文江先生写的。丁文江虽然是一位了不起的地质学家,号称现代的“徐霞客”,不过他兴趣广泛,加上他拥有英国格拉斯哥大学动物学学位,作为一个怀揣科学救国之梦的大学者,写动物学也是必需的了。

1917 年,南京高等师范学校(也就是后来的国立东南大学)开办了农业专修科,虽然教的是农科,但却是当时国立大学中最早和生物学相关的专业之一。这个农业专修科由在美国康奈尔大学学农学的邹

秉文（1893～1985）先生任首任系主任，"初创之时，邹先生外，尚有原颂周先生（1886～1975）任作物学教授兼农场主任，翌年张范村先生来讲畜牧学，余则来教授植物学，其时教授不过四人，学生二十余人，显微镜二十架，图书绝无仅有。同仁踽踽凉凉之态可掬，然各本少年锐气，不以艰巨为可畏。"① 这是对当时农业专修科生动的描述，说这段话的是胡先骕（1894～1968）先生，中国植物分类学的奠基人，是继秀才钟观光之后又一位中国籍花仙子。

　　胡先骕先生出生在江西鄱阳湖南岸的新建县，新建县与南昌市隔鄱阳湖相望，有水有田种的地方在中国都叫鱼米之乡，新建县也是如此。不过胡先生家不是种田的农民伯伯，而是一个有名的官宦世家，曾祖父胡家玉是道光皇帝钦点的探花，官至御史大夫，而且从他开始胡家每一代都有取得功名的人物。不过胡先生出生时天下已经开始发生变化，虽然家里还想用传统的方式让他考取功名，像老爷爷一样光宗耀祖，但是已经来不及了。11 岁的时候科举制废除，于是他来到南昌一所新式中学——洪都中学，然后又考上了京师大学堂。在京师大学堂胡先生还没学啥正经的学问，"我进京师大学堂预科之后，我当被学校选去送西太后的殡，在后门外跪候"①，送完西太后坏运气也跟着来了。1911 年，辛亥革命爆发，京师大学堂停办，胡先生只好又回到老家。这段时间胡先生说是在接受新式教育，可他自己在回忆这段时光时说："吾国号称兴办新式教育有年，实则海内所风行者，皆一种极畸形之教育也。……尝忆十三四在中学肄业时，物理、化学、植物、动物皆一老师讲授，于物理则认为永动为可能；于植物则谓有食人树；于动物则教学生以人首兽身之海和尚，以耳为目，恬不知耻。"① 这样的新学显然学不到什么正儿八经的新学问，虽然没学到啥新知识，不过少年时读的《三字经》、《千字文》、《论语》等经典，却让他得到了良好的国学启蒙，并在胡先生后来的一生中受用不尽。

---

① 　胡宗刚 . 2008. 胡先骕先生年谱 . 南昌：江西教育出版社 .

中华民国建立以后，孙中山任命国民党元老李烈钧为江西省都督，李烈钧接受严复的弟子、主管教育的熊育钖的建议，在南昌开棚招考官费留学生，胡先骕也进了考棚，这次选送的留学生一共16名，胡先骕名列前茅，闹了个第五名。1912年他来到美国加利福尼亚大学伯克利分校，开始时学习农学，后改为植物学，为啥要改呢？很多年以后，在胡先生自己写的一篇《对于我的思想的检讨》一文中这样说："1913年入加利福尼亚大学，先学农艺，后转入植物系，抱着纯技术观点来获得专门的知识，以外国大学的学位做敲门砖，以求得到一个铁饭碗。"[①] 事情果然是如此吗？

三年以后的1916年，胡先骕在美国获得学士学位，不过他没有留在美国找铁饭碗，"侧身天地久孤绝，惭愧飘零未有期。世事沧桑心事定，蠹鱼零落我归时"[①]，他回国了。不过回来以后和现在的许多海归一样，找工作并不容易，他想去北大教书，却"所谋未成"，又跑到商务印书馆想谋个差事，也未果，直到第二年经一个朋友介绍来到了江西，被委任为庐山森林局副局长，月薪100大洋。庐山号称植物王国，按说他可以大显身手了，可他却是个副局长，官僚一个，虽然可以在庐山游览闲逛，心中却十分郁闷，"十年湖海走万里，归卧匡山听鼓鼙"，不过他这段"归卧匡山听鼓鼙"的生活在后来却起到了不小的作用。

1918年，胡先骕终于被南京高等师范学校发现，受聘来到农科任植物学教授，这一下胡先生可谓如鱼得水，可以大显身手了！从1918年来到南京高等师范学校到1923年这五年里，他干了三件大事。第一件事是两次赴浙江、江西（这和他在庐山听鼓鼙肯定有关）、福建等地进行植物资源考察，行程万里，编写了《浙江植物名录》、《江西植物名录》等；第二件是与秉志在东南大学建立了中国大学中第一个生物系；第三件是与邹秉文、钱崇澍一起编写了《高等植物学》，自此中国人有了自己的植物学大学教材。胡先生还凭着深厚的语言修养，对植

① 胡宗刚.2008.胡先骕先生年谱.南昌：江西教育出版社.

物学中引自日文的一些不贴切的专业术语作出修正，比如"隐花植物"改为"孢子植物"、"显花植物"改为"种子植物"、"藓苔植物"改为"苔藓植物"、"羊齿植物"改为"蕨类植物"，并沿用至今。仅仅5年的时间，干了这么大量又这么重要的事情，他哪里来的这么大劲头儿呢？就是为了找铁饭碗吗？"髫年负奇气，睥睨无比伦。颇思任天下，衽席置吾民。二十不得志，翻然逃海滨。乞得种树术，将以疗国贫"[①]，胡先生一生写过无数的诗，通过他的那些小诗可以看出，他的梦想不是混个铁饭碗，他要"乞得种树术，将以疗国贫"[①]，科学救国才是胡先骕真正的梦！

在这些玩了命也要救国的前辈的教导下，一批批生物学人才走出了校园，"东大生物系遂人才辈出，迄今有六生物学研究机关，皆为南高旧日师生所主持；而七大学之生物系，皆有南高师生任教授，不得谓非一时之盛也"，这是胡先骕1936年在纪念南京高等师范学校成立20周年讲话中说的。不过对自己在这个人才辈出的生物学中所起到的作用，他却只字不提，更不会到处去忽悠。1937年，在刘咸先生（1901～1987，牛津大学海归，人类学家，复旦大学人类学教授）选编的《中国科学二十年》一书中他写道："本篇作者胡步曾（即胡先骕——笔者注）先生为当今植物学之领袖，其功名事业，蜚声中外，无代介绍。惟二十年来吾国植物学之进展，在在与胡先生有关，篇中竟未一字道及，谦谦君子，足以风世。"如此的谦谦君子也是学科学的人可以赋有的，像丁文江先生说的那样：这种"活泼泼地"心境，只有拿望远镜仰察过天空的虚漠，用显微镜俯视过生物的幽微的人方能参领得透彻——又岂是枯坐谈禅、妄言玄理的人所能梦见？

那胡先骕说的"生物学研究机关"是怎么回事呢？近代中国第一个可以称为科学研究机关的是中央地质调查所，成立于1913年，中央地质调查所是玩地质、地理和地震啥的，而胡先骕说的生物研究机关，

---

① 胡宗刚.2008.胡先骕先生年谱.南昌：江西教育出版社.

第一个就是1922年成立的中国科学社生物研究所,创始人是胡先骕和秉志等。这个研究所的建立让从神农开始的古老的好奇心,走进了现代生物学的大厦。

不过这个生物研究所的建立也不是一件容易的事儿,胡先骕1918年来到当时还叫做南京高等师范学校的东南大学,两年后的1920年,另一个玩生物的,中国现代生物学的领路人,从康奈尔大学回来的昆虫学博士秉志也来到这里,1921年他们建立了中国第一个大学生物系。大学是教授知识的地方,而对生物资源的研究不能只靠大学。此外"海通以还,外人竟派遣远征队深入国土,以采集生物,虽曰志于学术,而借以探察形势,图有不利于吾国者,亦颇有其人。传曰:货恶其弃于地也,而况漫藏海盗,启强暴觊觎之心。则生物学之研究,不容或缓焉"①。外国人觊觎着中国丰富的动植物资源,不能这样继续下去,中国人也要开始自己的生物学研究了!所以胡先骕和秉志都非常希望政府和校方支持建立一所研究所,以开展生物学研究。但是建立研究所需要经费,要盖楼、买仪器,还要招募人员,政府和校方感到压力比较大,对他们的呼吁不予理睬,怎么办呢?

这时候秉志的小哥们儿起作用了。谁是他的小哥们儿?他们就是当年康奈尔大学里,一起开创科学社的那几个。正好在此时,中国科学社已经从美国搬回国内,科学社经过几年的发展,名字越来越响亮,为建立研究所的事情,秉志找到当年的小哥们儿,科学社社长,也是东南大学副校长的任鸿隽,秉志的建议马上得到任鸿隽的大力支持,于是,经过一年的筹备,1922年8月18日,中国第一所生物学研究机构——中国科学社生物研究所,而不是东南大学生物研究所,在南京成立了,"生物研究所的任务有三,一是进行研究,二是培养人才,三是推广普及研究成果"②。

中国科学社不就是个民间组织吗?哪儿来的这么多银子,能这么

---

① 胡宗刚.2005.静生生物调查所史稿.济南:山东教育出版社.
② 杨翠华.1991.中基会对科学的赞助.台北:"中央研究院"近代史研究所.

快就建立起一个研究所呢？原来秉志他们想了一个省钱其实就是赔本的办法，"生物研究所开办之初，每月经费只有江苏省库补助的三百元，设备虽然简陋，但他们籍着采集回来的动植物标本，办起南京最早的自然历史博物馆"①。这个可怜兮兮的生物研究所就设在中国科学社南京分社的楼里，经过简单的装修就成了实验室，从事研究的人大都是大学教授，他们在生物研究所从事研究不取薪酬，实验室只给工友和从事助理工作的人员发一些津贴，"尝忆当年追随秉先生之后，以在东南大学授课之余暇，共创斯所，既无经费，复少设备，缔造艰难，非言可喻。然奋斗数载，率见光明"②。1926 年，中国科学社生物研究所终于迎来了新的曙光，在大家不断的努力下，中基会每年将拨付给生物研究所 15 000 元资助，并额外得到一笔资金，建造了新的实验楼。打哪儿冒出来一个这么有钱又如此慷慨的中基会呢？

原来这和庚子赔款有关，各国退还庚子赔款是从 1909 年开始的，不过到了 1914 年第一次世界大战爆发，退款停止。第一次世界大战结束以后，从 1924 年开始了第二次退还庚子赔款。前一阶段，也就是第一次退还赔款，开始是由美国政府牵头的，由中国及其他各国政府共同建立和监督的游美学务处掌管，为了不使这些钱被腐败的政府拿去瞎花，赔款的事情逐渐都由后来成立的清华校董会负责，这为后来退还赔款的执行打下了很好的基础。经过几年的争取和商议，第二次退还赔款改为由一个叫做"中华教育文化基金董事会"的机构掌握，这个机构简称"中基会"。中基会怎么才能保证这条规定呢？看看中基会的组成就知道了，"中基会十位中国董事中，除前三位是北洋政府的官员以外，其他多数是与教育有关的人士，'简直可以说是校长团'"②。第一次退还庚子赔款主要用于派遣留学生，第二次退还庚子赔款，中基会章程"丁款"中明确规定："使用该款于促进中国教育文化之事业。"②在后来的几十年里，许多学校和研究机构都得到过中基会的资

---

① 杨翠华.1991.中基会对科学的赞助.台北："中央研究院"近代史研究所.
② 胡宗刚.2005.静生生物调查所史稿.济南：山东教育出版社.

助，大批学者也拿着中基会的资助到国外学习，中基会为中国刚刚兴起的现代教育和现代科学事业作出了实实在在的极大贡献。

原来中国科学社生物研究所的建立全靠秉志先生的忽悠，秉志怎么这么牛呢？其实他和胡先骕一样，只不过是个学者，是一个普通人，而且也是一个谦谦君子。历史课老师也许没讲过他，不过学生物的，尤其是玩动物学的人都知道，他确实比较牛。秉志原名翟秉志，他家是个不太纯粹的满族家庭，祖母和母亲都是汉族人，1886年出生在河南黄河边上的开封。他是清朝最后的秀才和举人，1904年考入京师大学堂预科英文班。此时的中国国力已经衰微到极点，中日甲午战争和义和团拳乱再次把中国拉入深渊。而且这时的中国就像即将醒来的睡狮，许多热血青年在摩拳擦掌、跃跃欲试，不过这次他们不再去神仙那里寻找灵感，他们要用科学拯救贫弱的祖国，这其中就有秉志先生。秉志读了严复的《天演论》，对不信邪而尊重科学的达尔文崇敬有加，这也是他后来学习和从事一生生物学研究的最初原因。1909年，秉志参加游美学务处的考试，被录取为第一批庚款留学生，10月来到美国康奈尔大学农学院学习昆虫学。在美国11年的时间，秉志学习了昆虫学、脊椎动物学、解剖学、神经生物学等生物学课程，学习成绩优秀，获得博士学位，并当选美国Sigma Xi学会荣誉会员。他还参与了中国科学社的创建，是九个发起人之一，他多次在《科学》月刊发表文章，宣传科学思想。1920年，秉志先生应南京高等师范学校农科主任邹秉文之邀，回到祖国。他在收到邹秉文邀请以后，又受到当时在北京大学当教授的，当年康奈尔大学的校友胡适的邀请，由于已经答应了邹的邀请，无奈婉谢了胡适同学。"适之学长：尊函敬悉，弟甚愿从诸君后，竭其一愚，籍效于母校。唯南京邹秉文屡次见邀，弟已许之，背义则不义，且舍小就大，亦非君子之所取也，弟可先往金陵以践前约，俟将来有机会北上，再图为母校尽力焉。"[1] 从这封给胡适的信中"背

---

① 翟启慧，胡宗刚．2006．秉志文存．北京：北京大学出版社．

义则不义，且舍小就大，亦非君子之所取也"可以看出，秉志先生是一位品格多么优美的华夏之君子，历史老师忘了讲他，真是太遗憾了！

20世纪20年代，南京创办了第一个大学生物系和第一个生物研究所以后，中国的生物学研究走进了一个新局面，成绩斐然，一大批人得到训练，并逐渐成为著名的生物学家，他们中有后来著名的原生动物学家王家楫、倪达书，鱼类学家张春霖，兽类学家何锡瑞，两栖爬行动物学家张孟闻，组织胚胎学家崔之兰，生理学家张宗汉，生物化学家、营养学家郑集，植物学家耿以礼、方文培，林学家郑万钧、吴中伦等。

不过在这个时候，大家感到中国学者的生物调查还局限在长江以南，长江以北的广大地区还没有触及。秉志是出生在黄河边的人，他知道在广大的北方还有着无数当时不为人知的动植物资源，于是他们琢磨是不是在北京也建立一个生物调查所，这样可以就近进行生物调查，为了这件事他们又去求助中基会。怎么总要去找中基会，找洋人要钱呢？政府干吗去了？原因是那时候中国的政府在哪里都快找不到了，1926～1928年正是历史老师讲的北伐战争鏖战正酣的时候，1926年奉系军阀张作霖在北京成立所谓安国军政府，自任大元帅，纠集各路军阀准备和北伐军决一雌雄，如此天下就会大乱，即使找到政府肯定也是没指望的，可是这么乱的时候中基会难道还在干活儿吗？

按照老师在历史课上讲的，那个时代肯定是除了打仗外，谁也没心思干活儿了。不过真实的历史却是，在北伐战争的同时，中国还有人在玩生物学，玩科学！就在历史老师讲的北伐战争硝烟正浓的1927年9月，中基会邀请美国康奈尔大学著名昆虫学教授、秉志的恩师尼丹先生（J. G. Needham，1868～1957）访问中国，尼丹要在北京师范大学讲授生物学，改良学校的实验室，并赴各地采集动植物标本。中基会为什么要这时候请尼丹来呢？中基会的宗旨就是利用庚款促进中国的科学教育事业，当时国内已经建立了不少大学，但是大学的教育水平还十分有限，要提高大学的教育水平，首先要有好的师资，中基会请尼丹来北京师范大学讲学就是为了这个目的。而秉志他们发现这是在北京建调查所的大好机会，于是邹秉文、秉志、胡先骕三位先生给中基会的董事长范源廉先生（1874～1927）写了一封长信，希望借尼丹来华的机会，在北京建立一个生物调查所。

范源廉先生却在 1927 年 12 月 23 日突然去世，不过他的去世不但没有延误调查所的建立，反而加快了调查所的创建。这是怎么回事呢？范源廉先生，字静生，也是个大玩家，他是湖南人，早年和梁启超先生一起在维新派的湖南时务学堂是同学。戊戌变法失败以后，他逃到日本，在日本他攻读了博物学。民国初年，蔡元培任教育总长时他任教育次长，蔡先生离开后由他接任教育总长，后来又担任过北京师范大学的校长。1924 年中基会成立，范先生被选为董事长。玩家肯定对大自然充满好奇，范先生是个大干部，不过在工作之余，他的爱好是跑到郊外采集标本，然后拿回家作观察研究，所以他对生物学早就兴趣十足。收到邹秉文等的信以后，对在北京建立生物调查所的建议他十分赞成，可是没想到却突然离开了人世。竺可桢在范先生逝世的追悼会悼词上说："先生久欲创设生物研究所于北京，几经筹划，以经费之梗，迄未完成，病革前二三日，犹津津详论其组织焉。"

1928 年 1 月，在各方的努力下，由中基会赞助的"静生生物调查所"在北京建立，这个调查所的名字就是为了纪念范源廉范静生先生。在邹秉文、秉志、胡先骕、范源廉这帮玩了命也要救国的先辈们带领下，如前所述，中国的生物研究走进了一个虽然仍然十分艰难却全新的阶段，在后来几十年的岁月中不但走出了许多鼎鼎大名的生物学家，还成为如今中国动不动就基因、DNA、克隆等现代生物学研究的开路先锋。

在静生生物调查所成立以后 5 个月的 1928 年 6 月 4 日，皇姑屯一颗炸弹要了张作霖张大帅的命，12 月少帅张学良在东北易帜，北伐成功。完全不一样的历史故事，发生在同一个时间段，这就是所谓历史的多重性吧。

第十章　天垂新气象

　　《易经》云："天垂象，见凶吉。" 这是古代中国人对天空最早的认识，为了在天空上见到凶吉，中国还建立了全世界最早的部级天文台和气象台。那时大家还不知道天上发生的事情其实和我们没啥关系。虽然东汉有个叫王充的大学者发现了这个道理，可是 2000 多年来大家宁愿相信《易经》的说法，没人把王充当偶像，和他一起玩。千年以后，王充的粉丝却从西边来了，现代天文学、气象学也在西方产生了。另外，和现代气象学的产生有点像的是，中国建立第一个现代气象台也是在战火纷飞的年代。

看电视听广播，除了那些看了就会两眼泪汪汪的都市爱情戏，或者听了就让人笑掉牙的娱乐节目以外，还有一个节目最值得关心，尤其是爷爷奶奶们，什么节目呢？那就是天气预报。为啥呢？那是因为每天的天气不是给人类带来好处、好心情，就是捣乱、害人。比如早上起来一睁眼，哈，阳光明媚！这一天的心情就会格外好，尽管刺眼的阳光让人眼睛都睁不开，可开车上班就算堵车堵得水泄不通，那也还是满心欢喜。可如果早上起来发现，天空一片灰暗，这一天的心情肯定不会太好，要是再赶上暴风骤雨刮台风，即使约好要去相亲，估计也得改日子了。所以听天气预报是必需的。

还有个事儿也许大家没太注意，什么事儿呢？无论电视台还是广播电台，节目基本都可以由他们自己做，而且电视台和广播电台都属于文化部门的管辖范围，可天气预报却不是。首先天气预报这事电视台或广播电台自己做不了，另外天气预报也不归文化部门管。那天气预报归谁做归谁管呢？这个问题傻瓜都知道，那肯定是气象台了，气象台是制作和播出天气预报的唯一指定单位，谁也别想打气象台的主意。

气象台玩的是电闪雷鸣、暴风骤雨，也就是传说中的气象科学，那气象科学从何而来，中国人又是从啥时候开始玩的呢？

中国开始玩天文和气象，那可早了去了，起码也有几千年。为什么会这么早？就像前面说的，因为这件事太重要了！《周易》里说"天垂象，见凶吉，圣人象之"，意思是从老天爷呈现出的各种样子，比如刮风下雨、电闪雷鸣，还有流星、彗星，这些统统是可以预见人世间的凶吉祸福的！可怎么才能知道天上和人间如此重要的事情呢？《易经》说只有圣人才能了解，"圣人象之"，结果这个事就被皇帝老子给霸占了，老百姓是不可以随便过问的。

中国人气象玩得最早，所以关于气象的文字记载也是全世界最早的，早到什么时候呢？早到中国还在用甲骨文的时代，也就是殷商时代，"验辞是占卜之后记录应验事实的刻辞，其中往往详细记录了气象情况。这是世界上最早的气象实况记载"①。那古时候怎么研究气象，有气象台吗？在很久很久以前，咱们中国就有和中央气象台性质差不多的国家级气象单位了，"保章氏，中士二人、下士四人、府二人、史四人、徒八人"②，这是《周礼·春官》里说的，什么意思呢？《周礼》是中国一部很古老的书，是有史以来第一部政府行政管理条例，哪个政府？据考证，那就是成立于公元前1046年的周朝政府！书里把政府（那时候叫朝廷）设置的各种官职，以及各个官职要负责的事情都罗列了一番。前面说的"保章氏"就是周天子设的一个皇家管理部门，保章氏是管什么的呢？保章氏是专门掌管气象的，这个部门由"中士"、"下士"、"府"、"史"、"徒"等组成，这些名词都是各种官职的名字，就像现在的局长、处长、科长和科员一样，用现在的话说，这个部门就是3000多年前周朝的国家气象台，起码属于部级单位。3000年前怎么管气象呢？保章氏也有气象仪器？每天也会发布天气预报还有PM2.5、空气污染指数啥的吗？《周礼》里这样说："以五云之物，辨吉凶、水旱、降丰荒之祲象。以十有二风，察天地之和命，乖别之妖祥。"②啥意思？就是观测云的变化，分辨是凶是吉、是发大水还是旱灾、是丰收还是饥荒，以12个月风的变化，察看天地之间是不是命顺，是妖怪来了还是哪位神仙带来好天气。这么玩气象的保章氏肯定用不上仪器，即使用也和现在的气压表、气温表不一样，那他们怎么去玩，去研究呢？这个《周礼》里没仔细说，不过从一种影响了中国几千年的大学问里，应该可以弄明白这个问题，是什么大学问？那就是阴阳之说。老子在他的《道德经》里说："道生一，一生二，二生三，三生万物。万物负阴而抱阳，冲气以为和。"他说，从"道"里滋生出的万物基础就是阴和阳，阴阳之间的各种变化是造就万物的本原，这在古代中国是放之四海而皆准的伟大真理，当然也包括气象。西汉

① 摘自黄天树.《殷墟甲骨文验辞中气象的记录》,《古文字与古代史》第一辑.台北:"中央研究院"历史语言研究所.2007, 9.

② 杨天宇.2004.周礼译注.上海:上海古籍出版社.

的刘安以阴阳的理论探讨了气象，在他的伟大著作《淮南子·天文训》里，他告诉我们："……是故阳施阴化，天之偏气，怒者为风，天地之含气，和者为雨，阴阳相薄，感而为雷，激而为霆，阳气胜，则散而为雨露，阴气胜，则凝而霜雪。"[1] 从《淮南子》的这些解释可以看出，阴阳就是古代保章氏玩天气预报的理论依据。不过在科学还是幻想的时代，保章氏无论怎么玩，他们干的事情和现在的天气预报一样，是可以为老百姓耕田种庄稼服务的，而且"我们已经看到，《周礼》中有专管观测和预报风、云等现象的官员"[2]。

《周礼》里还有一句，"保章氏掌天星，以志星辰、日月之变动，以观天下之迁，辨其吉凶……"这里的意思是保章氏研究气象的同时还要观测天文现象，所谓"以志星辰、日月之变动"，就是观测星象周年的运行变化，从中可以了解春、夏、秋、冬和 24 个节气的变换，所谓"天下之迁"就是指季节和节气的变化。季节及节气的变化与气候息息相关，古人对此已经有非常深刻的认识。

中国古代官方的气象部门观测气象使用的方法，除了阴阳理论外，还充满着神话、迷信的成分，之所以会这样就是因为没人知道刮风下雨到底是怎么回事，不知道怎么办呢？保章氏就只好带着弟兄们去找阴阳八卦和神仙了！中国古代也有一些不信这些的学者，比如东汉的王充。那时候大家都非常恐惧打雷闪电，刘安说："阴阳相薄，感而为雷，激而为霆……"[1] "薄"的意思是靠近，所以刘安觉得雷是阴阳互相靠近而发生的，"激而为霆"里的"霆"有人认为是闪电的意思。但是王充不信这些，他说："雷者太阳之激气也，何以明之，正月阳动，故正月始雷。五月阳盛，故五月雷迅。秋冬阳里，故秋冬雷潜。"他认为雷是因为太阳激起了水气而产生的，他的这种见解和现代理论简直一模一样。现代理论认为，正月一过，立春很快就到了，太阳向北回

---

① 陈广忠.2012.淮南子·天文训.北京：中华书局.
② 李约瑟.1975.中国科学技术史.北京：科学出版社.

归线移动，水气开始蒸发，春雷也来了；五月夏至，阳光直射北回归线，水气蒸腾，迅雷不及掩耳；秋冬季节太阳光移出北回归线，水气小了雷声也渐渐销声匿迹。除了王充还有北宋的沈括，他对虹的解释是："虹，雨中日影也，日照雨，即有之。"王充和沈括对气象现象的这些解释，和现代气象学的理论几乎是一样的，他们不相信什么鬼神，而是通过自己的双眼去观察，然后用自己的脑子去思考。可是几千年来大家宁愿相信臆想出来的阴阳和神仙，而用观察和自己的脑袋得到的、已经和现代科学非常接近的理论却根本没人相信，王充和沈括的话也根本没人听。

中国古代官办的气象台研究气象虽然充满了迷信占卜的气氛，可几千年来它们作的气象记录却为现代气象学提供了非常宝贵的历史资料。除了记录，中国古代对气象科学的贡献也包括仪器。张衡发明候风地动仪的事情大家都知道，这件事记载在《后汉书》里。还有一本《三辅皇图》的书里这样写道："长安宫南有灵台，高十五仞，上有天仪，张衡所制。又有相风铜鸟，过风乃动。"这里说的"天仪"就是浑天仪，是天文观测仪器，而"相风铜鸟"是一种气象仪器，也就是现代气象台测量风向用的风信器，张衡老先生在 2000 多年前的东汉时代就发明了。此外，中国在很早的时候开始使用雨量器，"在气象仪器方面，雨量器和风信器统是中国人的发明，算年代要比西洋早很多"①。此外，民间还有很多关于气象的谚语，比如"朝霞不出门，晚霞行千里"、"天上鲤鱼斑，地下晒谷不用翻"、"鱼鳞天，不雨也风颠"等。这是因为老百姓要种庄稼，所以一些对天气具有好奇心的人，经过长期的观察，从积累的经验中得到这些谚语。气象谚语具有很强的实用性，只不过谚语说得太笼统，鱼鳞天和鲤鱼斑怎么区别不是很容易闹明白。

外国古代也和中国差不多，洋人也都把雷电、暴风雨等可怕的天

---

① 竺可桢.2011.天道与人文.北京：北京出版社.

气现象看做是神仙在作怪，而且在诸如国家气象部门的设立、气象资料的记录、气象仪器的使用等方面比中国都要晚很多很多。气象能变成现代的气象学，是要仰仗其他学科的进展的。400多年前，意大利伟大的物理学先驱伽利略发明了温度计，同时他还发现了气压的问题，在伽利略去世的第二年，即1643年，由托里拆利（Evangelista Torricelli，1608～1647）继承伽利略的好奇发明了水银气压表，又经过一二百年，18～19世纪，整个欧洲的物理学、地理学和大气科学等学科迅速发展，整个自然科学的进步最终让气象成为自然科学中的一个学科。虽然来得很晚，不过洋人一旦把气象视为一种可以研究的科学学科以后，这个学科就开始了突飞猛进。第一个现代意义的气象台是19世纪中叶在法国最先建立的。可大家马上发现，一个地方就一个气象台根本不够用，为啥呢？比如要想预先知道北京是不是下雨，光在北京王府井建一个气象台肯定不行，必须在北京的各个方向设立好几个气象台，这样哪个方向的云往北京飘才会知道。要预报一个地方的气象情况，没有一个气象网络不行。就这样，气象网络开始建立了。只不过建立这个气象网络不是因为下暴雨、发大水，那是因为什么呢？是因为战争！

19世纪中叶在黑海边发生了一场大战——克里米亚战争，打仗的双方是俄罗斯帝国与奥斯曼帝国、法兰西帝国及不列颠帝国的联军。1854年11月的一天，联军一支陆战队准备在黑海北岸的巴拉克拉瓦港登陆，可舰队还没开到地方，黑海上突然狂风大作，巨浪翻天，30多艘舰艇一瞬间沉没，陆战队员掉到海里都喂了鱼。虽然这场大战基本以俄国战败宣告结束，可联军的陆战队居然被一阵大风给掀翻喂鱼这件事，让人十分郁闷。于是战后，法国天文台受命对这次风暴进行研究，工作人员对暴风发生前后进行调查发现，这股风是从西北向东南方向移动过来的，在战斗发生前西班牙和法国已经受到暴风的影响，如果各地有气象观测站事先作出预报，那么就可以避免这次惨败。法国政府马上呼吁欧洲各国建立起一个气象观测网络。不久很多国家，包括美国和日本纷纷响应法国的呼吁，于是一个全世界联网的气象观测系统建立起来了，气象台分析并绘制天气图，话匣子里的天气预报开始广播了（开始可能不是话匣子，而是报纸，因为话匣子，也就是无线电是50年后的1906年才开始广播的）。

这是现代气象科学和气象台产生和建立的大致过程。有人可能会问，洋人因为一场战争玩出了气象学，中国不是在很久很久以前就有保章氏，就有"相风铜鸟"、量雨器，还有那么多的气象记录和谚语吗？外国在这些方面比中国落后了不知多少个世纪，可为啥现代气象学没被中国人玩出来呢？中国历史上的伟大功绩是无可辩驳的，但从中却看到了两个方面：一是中国人绝顶聪明，几千年来，聪明的中国人做出了许多让全世界都受益的伟大发明；二是中国人又有点迂腐，那些伟大的发明出来以后就停滞不前，而且不太愿意玩变化、接受新事物。怎么会这样呢？首先，从中国人几千年来的许多伟大发明及阴阳八卦这样的伟大学问就完全可以看出中国人是何等聪明。可是当有了这些成就和伟大的学问以后，大家却都像孩子一样躺在聪明的古人怀里，为古人的聪明、古人的"当年勇"感到无比骄傲，顶礼膜拜。千百年来，四大发明一直是老样子，阴阳八卦理论就更别想玩啥变化和创新，说得好听点叫做"以不变应万变"，说得不好听就是不思进取，不但如此，想玩点变化和创新的人，比如前面说的王充和沈括，基本都是找死。于是，在后来的历史长河中，没有人继续聪明下去，把过去式的"当年勇"变成现在进行时，所有讲求玩变化、玩创新的科学只好都拱手交给了洋人。

最早把现代气象科学带进中国的也是法国佬，在中国境内建立的第一座气象台，是1872年由法国人建立的徐家汇观象台。不过这个观象台可不是给咱们中国老百姓在话匣子里广播天气预报的，那是干啥的呢？这个观象台建立最初是为来往于中国的外国船只提供气象资料。除了观测，法国人还在这个观象台开展气象研究，派人深入中国腹地，对长江上游展开研究，法文的《中国雨量研究》（1873～1924）附有东经100°以东中国雨量图17幅，他们还出版了《中国的气温》、《中国的降雨量》、《远东大气》等图书。①

　　"欧美异邦，对于我国气候尚不惜巨资深入腹地以求之，则我国人安能长此袖手任人越俎哉？"② 这话是谁说的？说这话的人就是竺可桢（1890～1974）先生，中国现代气象科学的开创者和建设者。从1927年开始，中国人在气象科学上任人越俎的时代结束了，中国的现代保章氏在中国开工了，"国立中央研究院气象研究所之筹备，实始于民国十六年（1927）秋。……十八年（1929）一月初，气象台全部建筑完工，计先后凡历七阅月也。"② 这是竺可桢先生在中央研究院气象所筹备报告里讲的。这里说的气象台就是南京钦天山气象台，华夏周朝设立保章氏2900多年以后，中国人自己建立的第一个现代气象台。不过钦天山气象台开张的时候，和现在某个国字头研究所或企业、大饭店开张不一样，没有鞭炮齐鸣，没有漂亮的礼仪小姐领着满面红光的各位领导上台剪彩那样隆重热闹的场面，钦天山气象台创办之时中国恰逢乱世，怎么个乱法呢？

　　那时的中国到处都在打仗。1926年7月，北伐战争开始了，在国民革命军总司令蒋介石的率领下，北伐军在湖南、湖北、江西、浙江、江苏、山东、河北等地，与张作霖、吴佩孚和孙传芳的北洋军阀部队鏖战，这场几乎殃及全中国的战争持续了两年半的时间。而南京城不过是在1927年3月刚刚被北伐军占领，经常还会遭到孙传芳残部的骚扰。如此恐怖的南京城里，居然还有人在建气象台？他难道不要命了？这个人是谁？他为什么要这么干？很简单，为了中国人不再受洋人的欺凌，为了将中国人曾经的聪明、曾经的智慧变成现在进行时！

　　20世纪60年代左右出生的人应该还记得竺可桢这个名字，他曾经做过浙江大学校长、中国科学院副院长、中国科协副主席，可谓大名鼎鼎。不过岁数小一点的人恐怕就有点生疏了。

---

①　江晓原，吴燕．2004．紫金山天文台史稿．济南：山东教育出版社．
②　竺可桢．2004．竺可桢全集．第二卷．上海：上海科技教育出版社．

竺可桢和东汉的王充、东晋的王羲之、南宋的陆游还有鲁迅这些大名人、大文化人儿是老乡，都是浙江绍兴人士，竺可桢出生在绍兴上虞一个商人之家。历史如此悠久、味道如此浓厚的文化之乡，估计连叫花子都会作几句歪诗，竺可桢就更不用说了，他从小聪明过人。1905年废除科举那年，他从当地的毓菁学堂毕业，考入已经是新学的上海澄衷学堂中学部，后来又转到复旦公学，复旦公学就是现在著名的复旦大学前身，建立于1905年。1910年他考取第二批庚款留学生，来到美国伊利诺伊大学农学院学习农学，毕业后进哈佛大学研究院攻读与农业相关的气象学。在美国读书的时候，他参加了任鸿隽等人创办的中国科学社，很快就成了骨干分子，在《科学》月刊发表文章，大力宣扬科学思想。竺可桢先生也从此抱定了科学救国的理想，1918年获得博士学位，同年回国。

回国以后最初几年，竺可桢先受聘在武汉高等师范学校也就是武汉大学的前身教书，1921年他又来到南京，在国立东南大学创办了中国第一个地学系，编写了中国第一部有关地学的大学教材——《地学通论》。

1927年，竺可桢受蔡元培的委托，开始创办中国第一个气象研究所和现代气象台。不过可能有人会问，都1927年了，辛亥革命已经过去16年了，伟大的中国共产党也诞生6年了，难道中国还没有一个现代气象台吗？答案是，中国人自己的现代气象台还真没有！那时候中国的气象台都是洋人建的，作为一个哈佛大学研究院气象学的中国博士，哪能袖手旁观，任人越俎！

可是，建立气象台的差事可比吃粉笔灰、当教书匠困难多了！法国人不差钱，可竺可桢不但没钱没粮，还要冒着漫天乱飞的子弹，在如此状况下他是怎么玩的呢？"如欲得气象上之精确调查统计，则全国至少须气象台十所，头等测候所三十所，二等测候所一百五十所，雨量测候所一千处。为报告及管理便利起见，全国应分为十个区，每区设气象台一座，头等测候所三所，二等测候所十所至三十所。"① 这是他在中研院气象研究所建立初期写的"全国设立气象测候所计划书"中说的。到处在打仗，性命难保，竺可桢不是吹牛吗？对不起，他没有吹牛！1927～1935 年不到 10 年的时间，在极端艰难的状况下，虽然没有像他的计划书里说的，建立起那么多气象台，却也在全国，包括峨眉山和西藏的拉萨在内，一共建立起 40 个气象观测站，并开始了中国人自己独立的气象预报。竺可桢哪里来的如此劲头，如此胆量？"时乎忧患，则奋厉之做气……夫起膏肓，箴废疾，励志节，悉今日之急务……"①这是竺可桢在他的《科学的民族复兴》一书的序言里写的，所以他有这么大的劲头，有这么大的胆量！

那时的中国命运多舛，气象所也一样，尽管竺可桢用尽浑身解数，把气象所按部就班地建立起来，但命运却再次和他作对，而且这次不是子弹，是天上掉下来的炸弹。1937 年，抗日战争爆发，南京待不下去了。1938 年，中研院气象研究所从南京撤退到重庆。尽管是战火纷飞，时局动荡，到重庆以后稍得安宁，竺可桢就不闲着了，他仍然在思考着如何"箴废疾，励志节"，发展中国的气象学，让气象学走向一个更高的境界。什么叫更高的境界？1927 年气象所建立以后直到抗日战争爆发，气象观测还是以定性观测为主，"在 20 世纪 30 年代中期以前，我国的气象学基本上属于地理学的范畴，描述性工作占绝大多数"②。气象学要发展，必须引入定量的物理学和数学，此时一个人进入了竺可桢的视野，他就是从德国留学回来的赵九章（1907～1968）先生。

赵九章也是浙江人，他出生在吴兴，家里虽然是个穷郎中，可他有个亲戚是国民党元老戴季陶，他是戴季陶的外甥，年轻时还做过几天戴季陶的机要秘书。赵九章生来对官场毫无兴趣，而机要秘书的工

---

① 竺可桢.2004.竺可桢全集.第二卷.上海：上海科技教育出版社.
② 钱伟长.2011.20 世纪中国知名科学家学术成就概览.地学卷.大气科学与海洋科学分册.北京：科学出版社.

作又让他看到了官场的虚伪、腐败与无能。1929 年，22 岁的赵九章离开了可以让自己升官发财的名利场，凭着自己的学识考入清华大学物理系，跟随叶企孙先生学习物理学。叶企孙是一个伯乐，1935 年，经恩师的推荐并通过庚子赔款考试，赵九章赴德国柏林大学学习气象学，1938 年获博士学位回国。回国以后他没有回到可以让他做官享清福的官场，更没有去找戴季陶，他回到清华大学穷恩师叶企孙的身边，做起了两袖清风的穷教书匠。赵九章先生是我国第一个用数学和物理学方法解决气象问题的大气物理学家，在德国读书期间就发表了著名论文《信风带主流间的热力学》，"我国真正把数学和物理学引入气象学，解决气象学问题的第一篇文章，当属赵九章的《信风带主流间的热力学》"[1]。1943 年，赵九章受竺可桢邀请来到中研院气象研究所，1944年赵九章出任气象研究所所长，从此就像章鸿钊评价地质学一样，中国的气象学、大气物理学也走进了有声有色、万流景仰的时代。

不过蔡元培怎么会在中研院刚刚成立时就把气象研究所作为第一批要成立的研究所之一呢？原因当然是国家需要，不过最早建立气象研究所的原因还有一个，那就是天象从来都是皇帝老子最重视的一件事，接管古代延续下来的气象部门——钦天监，也是蔡元培最先考虑建立气象研究所的原因之一。

钦天监是咋回事呢？前面提到《周易》中所说的"天垂象，见凶吉"，说明古代的帝王们对天象充满了敬畏，他们特别希望从那些变幻莫测的天象中得到启示，以保证自己打下的江山千秋万代得以延续。不过保江山这事，老天爷靠谱吗？现在地球人都知道，江山是靠强大的科学技术建立起来的，靠强大的工农业、经济及坚不可摧的军事体系才有可能保住，哪能靠老天爷呢？不过那时候离哥白尼、伽利略出生还差 2000 多年，还没有科学技术，所以天象就成了历朝历代帝王们的头等大事、命根子。前面也提到，周朝颁布的行政管理手册《周礼》

---

① 钱伟长.2011. 20 世纪中国知名科学家学术成就概览. 地学卷. 大气科学与海洋科学分册. 北京：科学出版社.

中有专门管气象的保章氏，保章氏虽然也有观测天文的责任，可他不专管天文，专管天文的还有另一个官儿"冯相氏"。"冯相氏掌十有二岁，十有二月，十有二辰，十日，二十有八星之位，辨其叙事，以会天位。冬、夏致日，春、秋致月，以辨四时之叙。"① 什么意思呢？就是说"冯相氏"是掌管"十有二岁"，也就是十二年（中国古人把木星在天空运行一周，作为一个时间的轮回，称为十二辰），"十有二月"就是十二个月，也就是一年，等等，这些就是我们现在说的历法。历法又如何呢？"二十有八星之位，辨其叙事，以会天位"，就是观测天上的二十八星宿的运行变化，然后计算星相和历法之间的关系，以此来解决地上出现的各种问题，所谓"辨其叙事，以会天位"。这不是算命吗？就是算命！是通过星相来算命，和现在用所谓十二星座来算命、算爱情指数、算发财指数的占星术是一回事。所以这个"冯相氏"就是周朝最大的算命先生，它观测星星，名义上叫冯相氏，是天文官，其实就是个算命先生。冯相氏加保章氏组成的天文台和气象台在后来的历史上逐渐演变，到了明清时代，这个部门就改叫"钦天监"。

1912 年 1 月 1 日，中华民国临时大总统孙中山在就职仪式上发表誓言以后，随即发布了一条总统令——《改用阳历令》，把 1912 年 1 月 1 日定为中华民国元年元月元日。"已经改朝换代并已更换阳历纪年的民国政府首先要做的一件事，便是编制颁行新历书，这个任务交由刚从南京迁来的教育部负责主持。教育部即时奉命接管了清政府编历机构——钦天监，并裁撤了这个旧机构，遣散大部分旧人员，然后另建立了一个新机构，定名为'中央观象台'，作为教育部附属机关。教育部同时接收了钦天监三所房屋。把其中的一处外属即泡子河观象台拨给中央观象台作为台址。教育总长蔡元培推荐高鲁主持编历工作，并派编译局职员常福元协助高鲁工作。"② 这是中央观象台建立的过程，中央观象台里设有历数、气象、天文和地磁四个科，高鲁和中央观象

---

① 杨天宇.2004.周礼译注.上海：上海古籍出版社.
② 陈遵妫.2006.中国天文学史.上海：上海人民出版社.

台也就成为 1928 年中央研究院建立的两个研究所——气象研究所和天文研究所的先头部队。

高鲁（1877～1970）是中国现代天文学的奠基人之一，也是中国近代著名的外交家。不过这个奠基人既不是学天文的，也不是学外交的，他纯属玩家，是个超级天文发烧友和正直的外交官。

高鲁是在福建长乐闽江边长大的，闽江是福建的母亲河，她的三条支流在中国中南部福建与江西交接处发源，奔流而下，从武夷山等群山中蜿蜒而过，千里迢迢流过长乐（现在属于福州市）以后，进入莽莽大海——台湾海峡，最终融入浩瀚的太平洋中。高家是当地的名儒，小时候高鲁跟着父亲读诗书、习古文，20 岁时父亲去世，他就进了家门口马尾的福建船政学堂读书。那时估计已经不再是严复读书时不收学费每月还能发三两纹银补贴家用的时代了，不过学费也不会太高。从福建船政学堂毕业以后，高鲁又被选中官派留学生。1905 年进入比利时布鲁塞尔大学学习，获得博士学位，他的博士论文是写飞机翅膀的，属于流体力学的工程问题。

高鲁在留学期间喜欢在比利时周围旅行，这些旅行对他后来的生活产生了极大的、影响。旅行会给高鲁带来什么影响呢？首先让他对天文学产生了极大的、一生都不能丢掉的兴趣。有一次他去法国，在那里碰见一位学者，叫弗拉马里翁（Nicolas Camille Flammarion，1842～1925），他是一位天文学家，有私人天文台，他还是个作家，他的《大众天文学》是那个时代的一本超级畅销书，在他逝世前一共再版了 20 多次。他的作品除了有和天文有关的以外，还有科幻小说，另外他还研究通灵术，研究转世。但他不是用迷信的方法，而是用科学，他说："只有科学方法可以让我们循求真理的进步，宗教信仰无法以公正态度分析。"弗拉马里翁是个兴趣十分广泛的学者，超级玩家一个，在这么个玩家的影响下，高鲁也就成了一个超级天文发烧友。

在欧洲读书期间，还有一件对高鲁后来的生活产生巨大影响的事情，就是认识了孙中山。具体是在哪儿认识的不是很清楚，不过不太可能是在布鲁塞尔，因为没有记载孙中山去过那里。无论在哪里认识，高鲁在认识孙中山以后，很快就加入了同盟会，并积极参加各种活动，联络比利时的留学生参加同盟会。1911 年，他跟随孙中山回到祖国，南京临时政府成立时，他被任命为秘书和内务部疆理司司长，这些都为他后来担任几十年的驻外大使奠定了基础。

1912 年，高鲁奉教育总长蔡元培之命在北京接收了清朝政府留下的钦天监，成为中国第一座现代天文台——中央观象台最早的台长。他接手中央观象台接到的第一个任务是修改历法，颁布国际通用的公历，也就是我们现在每天都可以看到的：2012 年某月某日，中午 12 点 0 分 0 秒，此时的太阳正好在北京的正上空，这样的日历就是从高鲁改历开始的。改历可不是一件容易的事情，要把以前阴阳历改成完全的公历是最主要的难点。由于地球围绕太阳旋转是一个圆周运动，需要球面几何来计算。以前中国人不会使用球面几何，基本是按照勾股定理，这样算出的历法在短时间不会有错，但时间长了误差就会显现出来。清朝建立以后，聘请了懂得球面几何的洋人做钦天监，其中汤若望为中国历法作出了极大的贡献，从那时起中国的历书进入一个新的阶段。但清朝颁布的还是阴阳历，民国时要改为公历，也就是阳历，这就需要进行大量的计算。那时又没有计算机，没有 Lenovo、IBM、Apple，所有的计算工作靠的都是人脑，而刚刚建立的中央观象台所有工作人员加起来不足 20 人，如此大量的计算量不是一时半会儿可以完成的。

还有一件事更要命，那就是如何去除以往历书中的糟粕，这件事是要大大地挨骂和得罪人的，为啥呢？清朝的历书，也叫时宪历或黄历，其中充满了各种迷信的所谓历注，比如这一天宜嫁娶、祭祀、祈福，那一天不宜开市、立券、理发啥的，其实是毫无道理的，但千百年来大家都习惯了，不管有没有道理，出门或胖丫头出嫁总要回头去瞅瞅黄历上是怎么说的，如今你一个中央观象台就把这些都去掉了，不挨骂才见鬼！而且这样一来，得罪的不光是当官的，还包括全国的老百姓！

不过高鲁有办法，他没有硬性把一切都改了完事，而是十分尊重中国传统，那他怎么去干呢？那时候还不兴玩什么听证会之类的。他干了两件事，第一，他先把自己的生日改成公历，并以中央观象台台长的名义通告全国，建议大家改农历生日为公历生日，如果愿意，中央观象台将无条件为国民服务！结果公告一出来，马上受到欢迎，稍有现代知识的人们纷纷请观象台更改自己的生日。

还有一件事是，修改后的公历，高鲁把以前写历注的地方，改为天文和气象小知识，以及与农业有关的小常识，历注中糟粕没有了，换上了科普，谁还忍心去骂这样一个尽心尽力为大家服务的中央观象台呢？

和气象不同，气象预报只要每天在话匣子里广播就行，历法却是一个国家的大事情，起码得有个能说了算的政府去颁布。可那时的中国已经乱成了一锅粥，从1912年高鲁在北京接收钦天监一直到1927年这十几年的时间，北京的所谓北洋政府大总统换了十几位，啥袁世凯、黎元洪、冯国璋、曹锟、段祺瑞、张作霖，不但总统像走马灯似的换来换去，效忠总统的各路军阀，啥皖系、直系、奉系还到处混战，总统们自己的小命儿都难保，谁还有心思去管历法的事儿？于是改历的事情一波三折，不过无论如何高鲁还是为我们如今可以踏踏实实地每年元旦能把漂亮的挂历挂在客厅的墙上打下了坚实的基础。

就在这弥漫的硝烟和刀光剑影的后面，高鲁他们还在玩，不但改历，还要玩更大的。什么是更大的呢？那就是真正的天文台，没有天文台，没有望远镜，玩天文那岂不都是浮云？

作为一个天文超级发烧友，高鲁心中最强烈的愿望就是建立中国人自己的现代天文台。中国第一个现代天文台是法国人于1872年在上海徐家汇建立的徐家汇观象台，开始这个观象台主要以气象观测为主，1900年观象台又在上海建立了佘山天文台，这是真正的天文台了。佘山天文台建造了圆顶，并安装上当时非常先进、东亚口径最大的40厘米双筒望远镜，佘山天文台也成为当时东亚最先进的天文台之一。这个天文台以太阳和小行星的观测为主，如今在佘山天文台的展厅里还可以看见1905年法国人拍摄的太阳黑子照片。不过，那时的中国还是大清朝，大家还不知道太阳黑子是太阳内部活动形成的，也不知道太阳黑子活动还有周期性。一个德国科学家沃尔夫（R. Wolfer）却在英国和中国打鸦片战争的 1840 年，发现了太阳黑子的活动周期是 11 年。此外，19 世纪 70 年代，色球望远镜、光球望远镜和日冕仪都已经被发明，西方的科学家已经可以清楚地观测到太阳每一秒钟的变化。而我们中国，无论是钦天监还是老百姓，大家仍然相信太阳黑子是《汉书·五行志》里说的"黑气"，"三月己未，日出黄，有黑气大如钱，居日中央"，或者《淮南子·精神训》里说的，是太阳里正在飞着的鸟——日中鸟"踆乌"，"日中有踆乌"（"踆乌"是古人想象中三条腿的鸟）。高鲁这个从比利时留学回来的现代天文学的超级发烧海归，怎能让如此的落后和愚昧继续下去呢！

还有一件事情的发生极大地刺激了高鲁的神经，什么事情呢？那是在中央观象台接收钦天监的第二年，也就是 1913 年 5 月，日本东京举行东亚气象台台长联席会议。按说代表中国的应该是中央观象台台长，可会议没有邀请高鲁，邀请的却是徐家汇观象台的法国台长劳积勋神父。虽然后来经劳积勋神父的介绍，高鲁列席旁听，还用流利的法语向大会介绍了中央观象台，但是中国受到如此待遇，让高鲁感到极大的耻辱，于是建立中国人自己的能与世界比肩的现代天文台的念头从此再也无法抹去。

但是，在那个军阀混战、兵荒马乱的时代，想建造一座现代天文台，可不像周公平定天下以后，设冯相氏、保章氏那么简单。高鲁初期的努力不是没人搭理、不予理睬，就是告诉他没有钱，几次尝试都以失败告终。

建立天文台困难重重，不过高鲁的玩心不死，天文台暂时不能建，那就去玩天文科普。法国最厉害的天文科普作家弗拉马里翁是他的老师，有这样的榜样他还怕什么？1913 年开办的《气象月刊》，在 1915 年扩充为《观象丛报》，到大学去讲课，还用自己母亲的财产设立了"雾云楼老人基金"，鼓励年轻的天文爱好者发表天文著作。1922 年，中国天文学会在高鲁等人的努力下终于成立了，天文学会的宗旨："求专门天文学之进步及通俗天文学之普及。"他在《发起中国天文学会启》中这样说："天文学之发端于我国最古。昔庖牺氏仰观象于天，俯视法于地，斯即治天文学滥觞。大抵太古草昧时代，芸芸之众，出作入息，习见夫天象昭示历久而不变，星宿罗列有条而不紊，始则由感觉而生推想，继则由推想而成观念，积之即久，于是有蹊径可寻。有圣人出，因势而利其导，奉天时以测人事，本自然界之现象而创一切制度文物，此晚近欧西科学家以经验观察二者为基础，而建设诸科学之系统及支脉，实异途而同轨。"高鲁认为，中国古代的天文虽然是"奉天时以测人事"，但是这种"由感觉而生推想，继则由推想而成观念"的精神，却"实异途而同轨"！这就是传说中的科学精神。

尽管困难重重，高鲁他们没有停止，终于在 20 多年以后的 1934 年，中国的第一座现代天文台——紫金山天文台建成，这个天文台安装了一台 600 毫米反射式望远镜，一台 200 毫米折射式望远镜，以及自动子午仪、变星摄影机、无线电报等先进设备。

当然，中国现代天文学的起步并非只有高鲁一个人，这其中还有陈遵妫、高平子、余青松、蒋丙然和张钰哲等卓绝的前辈们。

从"天垂象，见凶吉"，到我们每天打开电视，看着漂亮的气象主持人预报天气情况，我们可以看到中国几千年的气象发展历程。在这个历程中，我们会看到保章氏、冯相氏，会看到张衡、王充、沈括，而我们更应该记住的是竺可桢、赵九章、高鲁、陈遵妫、高平子、余青松、蒋炳然等这些前辈们，因为他们是现代气象学、天文学、现代科学和现代文明的启蒙者和领路人，是他们让天垂新气象。

第十一章　寻找烛龙秘密的人

　　地震是所有地球人谈虎色变、唯恐避之不及、最害怕的灾难。以前中国人把这个可怕的现象归于那条藏在地底下的烛龙。差不多2000年前就已经有人在寻找烛龙的秘密，他是谁呢？他就是伟大的张衡先生，他造的"候风地动仪"是全世界最早的观测地震的仪器。可是张衡的学问似乎没几个中国人感兴趣，2000多年的时间，大家除了记下无数次惨烈的地震以外，烛龙却还趴在那里偷偷地笑。18世纪欧洲人发明了新的地震仪，地震研究成了一门科学。100多年以后，中国也有了自己的地震台，从此用科学的办法寻找烛龙秘密的事业在中国开始了。

翻江倒海、地动山摇、山崩地裂、房倒屋塌，这些挺吓人的形容词儿还真不是逗你玩的，这些可怕的事情有时候真会发生，而且几乎在同时。什么事情这么可怕呢？地震！一次强烈的地震可以在一瞬间吞噬几百人、几千人，甚至几万、几十万人的生命，比如前不久中国的汶川大地震和日本的福岛地震。所以自古以来，大家对地震都是谈虎色变，谁也不愿意碰上倒霉的地震。地震这只恐怖的怪兽就这样困扰了人类千万年。

　　古时候，由于大家对我们脚底下的地球一无所知，所以把地震发生的原因归咎于不可知的神秘力量或怪兽，为啥是怪兽呢？因为没读过《十万个为什么》的古人看到，本来固若金汤的山川大地，突然猛烈地晃动起来。他们就想，地本来是不会动的，只有有生命的生灵才会动，那会是啥生灵在动呢？啊！肯定是有人惹了地底下一只巨大的怪兽，是怪兽动起来了！那到底是什么怪兽呢？《山海经》里有这样的一段话："西北海之外，赤水以北，有章尾山。有神，人面蛇身而赤，身长千里，直目正乘，其瞑乃晦，其视乃明，不食不寝不息，风雨是谒。是烛九阴，是谓烛龙。"《山海经》里说的这条人面蛇身、不吃不喝、身长千里的怪兽叫烛龙，现代地震学家认为烛龙也许就是古人想象中让大地颤抖，也就是造成地震的怪兽。"烛龙的蛇身长千里，潜伏地下，睁眼为昼，闭眼为夜……它深踞钟山下，不吃不喝不睡不喘气，保持大地的安宁平静，一旦气息通达，即化为劲风，大地震摇。"[①] 不过无论是烛龙还是啥怪兽，到了汉朝有个人开始怀疑了，他觉得烛龙啥的都是胡说，他的看法是"星固将自徙"，"地固且自动"，什么意思呢？意思是像坚固的星星会移动（自徙）一样，坚固的地也会地震（自动），他这个解释虽然不对，可他把地震看做自然现象，不是烛龙或什么怪兽在喘气，这家伙显然和看过《十万个为什么》的科学家是一伙的。这个家伙是谁？他就是王充，那句话写在他的《论衡·变虚

　　① 冯锐.2009.中国地震科学史研究.地震学报，31.

篇》里。不过千百年来，王充的话没人相信，大家宁愿相信地底下还是藏着一只恐怖的怪兽。

因为地震不仅仅会让老百姓的房子塌了，皇帝一家子也逃脱不了，所以皇帝也非常害怕地震。中国的皇帝都自称是真龙天子，真龙天子们最相信所谓天命，于是就让宫里专门掌管天象、占卜的太史令或钦天监替他们算，到底哪天会地震，可太史令们哪里算得出来呢！为了不被皇帝杀头，为了应付差事，他们倒是把每次地震都给记在了小本子上，这样中国就成了全世界最早有地震记录的国家。有一本史书《竹书纪年》，这本书里记的事情从"太昊庖牺氏"开始（"庖牺氏"就是著名的伏羲，考古学家认为他生活在新石器时代早期，也就是 10000～8000 年前），一直到战国魏襄王二十年（"今王终二十年"，大约是公元前 298 年），书里记载了好几次地震，比如夏帝发，"七年陟（，）泰山震"；夏帝桀，"十年……地震（，）伊洛竭"；商帝乙三年，"夏六月周地震"；周昭王，"天大曀（，）稚兔皆震"等①，这些就是宫廷的史官根据小本本上的记录，给写在书里的。

另外，中国关于地震的大量记录，不光可以在史书里看到，从其他各种书籍文献里也能看到。"不仅史书上（包括正史和野史）有关于地震的专门记载，其他如诗、文、小说、传记等，甚至一些小品文章，亦多有可资参考的地震资料。例如，《聊斋志异》也有两节说地震的，经过考查都是真的"②。诗文小说里记载的还算不上专门的地震记录，那么中国古代有没有专门记录地震的书呢？答案是肯定的，虽然不是整本书都记地震，但书里有专门记载地震的章节。最早的应该是南宋的《太平御览》，这本书里有一个专门的《地震篇》，记录了从周朝到隋朝的 45 次地震；元代的《文献通考》也有《地震篇》，记载了周到金的 268 次地震；清朝的《古今图书集成》里有《异地篇》，其中也记载了周朝到清康熙年间的 654 次地震、地陷和地裂等地质现象。20 世

---

① 浙江书局 .1986. 二十二子·竹书纪年 . 上海：上海古籍出版社 .

② 李善邦 .1981. 中国地震 . 北京：地震出版社 .

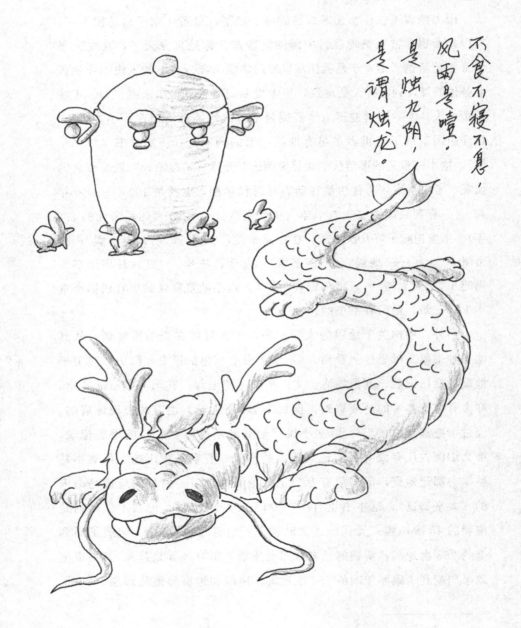

不食不寝不息，
风雨是谒。
是烛九阴，
是谓烛龙。

纪60年代，由李善邦先生主编的《中国地震目录》是中国现代第一部专门的地震目录，一共收录了公元前1189～公元1955年近3000年在中国发生的1180次大地震资料。

另外，最早会玩地震仪的国家也是中国，东汉的张衡在1800多年前造出一个叫"候风地动仪"的玩意儿。"阳嘉元年，复造候风地动仪。以精铜铸成，员径八尺，合盖隆起，形似酒樽，饰以篆文山龟鸟兽之形。中有都柱，傍行八道，施关发机。外有八龙，首衔铜丸，下有蟾蜍，张口承之。其牙机巧制，皆隐在尊中，覆盖周密无际。如有地动，尊则振龙，机发吐丸，而蟾蜍衔之。振声激扬，伺者因此觉知。虽一龙发机，而七首不动，寻其方面，乃知震之所在。验之以事，合契若神。自书典所记，未之有也。"《后汉书·张衡传》里把张衡造的候风地动仪讲得非常清楚，是用什么材料做的、多大、形状及其中的机关怎么被激发都写得很明白，所以虽然候风地动仪失传了，由于有《后汉书》这么仔细的描述，20世纪还被科学史家王振铎复原出来了。《后汉书》里说的"阳嘉元年"乃公元132年，距离20世纪已经将近20个世纪了。

从上面那些资料我们可以断定，世界上最早玩地震、记录地震、有目的地研究地震、探寻烛龙秘密的人，是我们中国人。可是，在公元132年玩出了全世界第一个可以记录地震的仪器"候风地动仪"的张衡，他后来怎么样了呢？"张衡制成地动仪以后一年，即离任不作太史令，纠缠于政务之中，不能从事科学研究工作……因此，在其遗著中，不见有关地震的论述，他没有为地震科学作出更多更大的贡献，是很可惜的。"[①] 更可惜的是，除了张衡，在后来的将近2000年里，也没有哪怕是一个粉丝跟着张衡继续玩下去。

古代外国也有人像张衡那样，在很早以前就开始注意和研究地震这个恐怖的现象。古希腊的亚里士多德在他的《天象论》里讨论了地

---

① 李善邦.1981.中国地震.北京：地震出版社.

震发生的原因，他分析了几位先贤对地震发生原因的解释以后认为，"世界上必然有湿的和干的两嘘出物，地震是这些嘘气必然要产生的结果"，另外他还指出海边的许多地方地震多发。这个解释对于现代地震学家来说那就是胡说，不过海边多发地震倒是很准确的，但不是他认为的嘘气，而是环大地板块的地震活动带。不管亚里士多德老爷爷的解释是不是正确，他起码和王充一样，没有从神仙或怪兽那里去找原因。所以尽管现代地震学在西方出现得也很晚，但洋人对地震的态度一直都是比较客观的，亚里士多德老爷爷又有很多粉丝跟着他玩，于是现代地震学就从这些粉丝里冒出来了。

18世纪，一次惨烈的大地震差点把葡萄牙王室的人都给埋了，这时大家觉得地震研究太重要了，不玩不行了，于是现代地震学也就从那次地震以后诞生了。不过现代地震学的开创者不是个科学家，他和张衡一样，是个当官的。这是怎么回事呢？

1755年11月1日，葡萄牙里斯本发生了一次惨烈的大地震，地震在一瞬间夺去全城1/3人口的性命（约9万人，当时全城人口约27万人），毁掉了里斯本85%的建筑，震后的火灾烧掉了许多珍贵的图书资料，其中包括伟大航海家达·伽马所有详细的航海记录，这次地震还引发了海啸。欧洲大航海时代开始以后，曾经不可一世的海上霸主、殖民帝国——葡萄牙从此一蹶不振。不过葡萄牙的王室却很幸运地躲过这次地震，那天早上王室成员在教堂做完弥撒以后，离开里斯本不知到哪儿爽去了，结果9点多钟地震发生，国王和各位王公大臣躲过一劫。此后，首相马卢在了解地震发生的情况时提出了几个问题。①地震持续了多久？②地震后出现了多少次余震？③地震如何产生破坏？④动物的表现有否不正常？⑤水井内有什么现象发生？这种对地震的经过和结果进行客观描述和分析的方式，就是现代地震学产生的直接原因，所以葡萄牙首相马卢也就成为现代地震学的开山鼻祖了。据说当时这些问题的答案至今还保存在葡萄牙国家档案馆里。

此后地震学发展很快，这都得益于18世纪以后科学的巨大进步，尤其是地质学及相关学科的迅速发展，地震仪也和张衡时代的"候风地动仪"不可同日而语了。

1920年12月16日（农历十一月初七），中国西北地区海原县，当地时间晚上7点多（那时还没有北京时间），大家已经昏昏欲睡。海原县地处黄土高原西部六盘山中，现在属于宁夏回族自治区。20世纪20年代的西北，生活条件还相当艰苦，大多数人都住在窑洞里。西北冬天的夜晚来得比较早，加上还是没有电灯的时代，7点多窑洞里晃动着油灯的光影。此时襁褓中的孩子早已进入梦乡，大家也已经准备入睡。突然间，大地剧烈地摇动起来，随着一阵阵低沉的轰鸣声，大地裂开一条条巨大的口子，整个村庄掉了进去，崩塌的黄土山又在一瞬间把大口子填满，掉进去的人还没来得及叫出声音，就已经被活活埋在黄土之下；而没有裂口的平地上也是房倒屋塌，无数的人被埋在屋子里、窑洞中，剧烈的震动不知延续了多长时间……这就是中国有史以来最惨烈的一次大地震。据说海原大地震释放的能量相当于2亿吨TNT炸药。

4个月以后的1921年4月15日，一支科学考察队来到了海原，带队的是时任地质调查所矿产股股长的翁文灏先生，中国最早最牛的三位大地质学家之一。

20世纪最初的那十几年，许多出洋留学的有志青年纷纷回到祖国，也就是现在的海归，这其中有前面提到过的1911年回国的章鸿钊和丁文江，他们俩先于翁文灏回国，翁文灏是在1913年年初从比利时回到中国的。1914年中国地质界三位开山之人聚首北京，一条辉煌、漫长、充满荆棘的地球科学之路在他们脚下铺开了。

翁文灏是浙江宁波人，光绪十五年（1889）出生在一个富商家庭，6岁生母去世，在祖母和继母的养育下长大。13岁参加县试，登上秀才榜。1905年光绪皇帝降旨废除科举，1906年翁文灏转学新学，入上海震旦学院读书。1908年毕业以后正好赶上朝廷在浙江招考留学生，那时候考官费留学生比现在似乎更难，这次浙江考试的科目包括国文、论说（题目为"礼失而求诸野论"），历史，算数、代数，拉丁文、法文或德文，化学，地理，解析几何，英文论说。[1] 不过这些都没有难倒翁文灏，鄞县翁文灏以第七名被录取。10 月 3 日，翁文灏离开上海，"由浙江旅沪学会会员李昌祚率领，自上海乘'利照'轮负笈西行"[2]。于当年 11 月 5 日抵达比利时首都布鲁塞尔。就在这一年的 11 月 14 日，光绪皇帝驾崩，15 日，慈禧也跟着去了天国。

1909 年，翁文灏通过了比利时鲁汶大学艺术和制作、土木工程与矿业学院（des arts et manufactures, du genie civil et des mines）的入学考试，攻读地质学、矿物学、博物学、动物学、古生物学等。鲁汶大学创办于 1425 年，是欧洲最古老也是最著名的学府之一。在比利时学习期间，翁文灏利用暑假在法国、英国等国，以及比利时各地进行地质考察。1912 年辛亥革命成功，鲁汶大学"首悬新国旗致敬"。这一年的 9 月左右，翁文灏以一篇题为"勒辛地区的含石英玢岩研究"的博士论文，被授予理学（矿科）博士学位。该论文被评为最优秀论文在鲁汶大学地质专刊发表，这是中国人写的第一篇地质学博士论文，翁文灏也成为中国历史上取得地质学博士学位的第一人。

1912 年 12 月，翁文灏乘船回国，1913 年年初达到上海。回国以后一家英国洋行——泰和洋行盛邀翁文灏出任总工程师。"翁文灏考虑以后，觉得自己学的是地质学，志在从事地质研究，去做总工程师，学非所用"[2]，另外他这个在外国学习地质学的中国热血青年，十分不愿意看到外国人在中国的土地上争夺资源，于是婉言谢绝了邀请。第二年，也就是 1914 年年初，翁文灏受邀赴北京担任地质研究所讲师，讲授地质通论和岩石学课程。后来他自己回忆道："他们约我到地质研究所去教书，薪水是 60 元一月。因为这种工作很合我的素志，我就一口应承。"[1]

1916 年，地质研究所的教学任务完成以后，按照丁文江的意见，教学工作转回北京大学地质系，地质研究所改为地质调查局，地质调

---

[1] 参见《申报》，1908 年 8 月 7 日。
[2] 李学通.2005.翁文灏年谱.济南：山东教育出版社.

查局又在当年的 11 月改名为中央地质调查所，成为中国第一个从事现代地质科学研究和地质矿产调查的科学机构，它也是中国头一个真正的现代科学研究机构。翁文灏任矿产股股长。

1920 年年底的海原大地震震惊了全世界，作为中国地质科学研究机构的地质调查所责无旁贷，于是如前所述，一支考察队在翁文灏的带领下出发了。这支考察队由当时北洋政府的农商、教育和内务三个部的人员组成（中央地质调查所属于农商部），除了对地震进行科学调查，这个考察队还担负着组织赈灾的使命。考察队从兰州开始兵分三路，一路向西，一路向南，翁文灏这路直接进入地震中心地区。在灾区，翁文灏目睹了强烈地震带来的惨状，考察途中余震不断，在极端艰难的情况下，考察队对震区作了广泛的调查，搜集了大量的资料，并拍摄照片。"这是我国地质学家第一次科学地进行地震调查，与历史上大地震发生后，朝廷派遣钦差大臣到现场抚慰，不可同日而语。"[①]翁文灏从甘肃考察回来以后，本想根据他在地震灾区的考察在清华作一次"甘肃地震考"的演说，可是因为他在甘肃的考察过于艰苦，由于营养不良双腿水肿，患了被俗称为"软脚病"的毛病（其实就是由某些因素引起的肌肉萎缩、下肢瘫痪），回到北京仍然没有恢复，所以这次演说由丁文江代替进行。

地震如此可怕，而面对地震大家又是如此束手无策，这样下去怎么能行？"1918 年广东南澳发生大地震，前一年安徽腹地霍山，也发生过地震，启发了我国年轻的地学界，不能忘记我国也有地震问题。及1920 年冬，西北地区海原大地震，死人二十万，震惊了全国上下。"[①]此时翁文灏感到，中国该有人专门研究地震这件事，也就是该用现代科学的方法寻求一下烛龙的秘密了。不过开展一个新的研究领域可不是一件容易的事情，研究用的场地、仪器、人员，最重要的还有资金的筹集，这些硬件、软件都需要准备，必须一步一步去实现，而当时

---

① 李善邦.1981.中国地震.北京：地震出版社.

国内的时局又十分不稳定，只好等一等了。但是，你想等，老天爷却一点等的意思都没有。在海原地震发生以后，1923年3月24日，云南炉霍发生7.3级地震；1925年3月16日，云南大理发生7级地震；1927年5月23日，甘肃古浪发生8级地震。大地震接二连三地发生，一次次地夺走无数无辜的生命，毁坏着无辜百姓的家园，开展地震研究已经迫在眉睫。翁文灏在1921年考察回来以后不久，因为丁文江离去，所以他已经成为中央地质调查所所长，于是为地震研究筹备资金、购买仪器设备、寻找研究人才等任务就落在了翁文灏的身上。

1920年，甘肃海原大地震发生时，世界上有近百个地震观测台站记录到了这次强烈的地震，可那时的中国却还与现代地震科学毫无关系，更不用说地震台了。不过，这种情况10年以后发生变化了，1930年的夏天，在北京西郊的鹫峰山上，一座现代地震台建成；就在当年的9月20日世界标准时13时02分02秒，这个地震台安装的维歇尔地震仪记录到了第一次地震。自此中国有了第一个自己的地震台——中央地质调查所鹫峰地震研究室，中国的现代地震科学研究事业也从此走向了全世界。

鹫峰在距离北京城西大约50公里的西山之上，明代在这里建有一座寺庙秀峰寺，地震台就建在秀峰寺边上的一小块空地之上。当年在这个小小地震台上忙乎着的只有两个年轻人，一个就是翁文灏找来寻找烛龙秘密的第一个实践者、中国现代地震科学研究的开创者——李善邦（1902～1980）；还有一个叫贾连亨，清华大学物理系技术员、李善邦的助手、地震台唯一的技术员。

几十年以后的一天，白发苍苍已近耄耋之年的李善邦，拉着他小儿子的手说："你爸爸这一辈子要感谢的只有三个人。""他们都是谁呢？"儿子问。"他们是翁文灏、叶企孙还有你妈妈。"此时，翁文灏告别人世已经好几年，叶企孙也已乘鹤西去，几乎用尽一生的精力默默研究地震50年的李善邦，说完这句话以后没有几年也去世了，他为什么要如此郑重其事地和儿子这样说呢？

当然感谢翁文灏是必需的，因为翁文灏是他一生从事地震研究的引路人，那另外两个人是怎么回事呢？这还要从头说起……

20世纪初的某一天，在广东东北客家山中有一家人，长辈们正瞧着一个赤着脚在田埂上到处乱跑的瘦弱的小男孩。这孩子虽然瘦弱但天资聪明，家里人多么希望有一天这孩子能为他们光宗耀祖，这个小男孩就是李善邦。李善邦没有辜负长辈们的期望，20岁那年（1922年）考取了当时在中国还十分稀罕的大学中的一所——国立东南大学。这家人并不很富裕，整个家族好不容易为他凑足了盘缠，让他踏上了求学之路，进入国立东南大学理学系学习。几年以后，这个从客家山上下来的青涩男孩，变成了一个满腹物理化学知识、能说外国话的青年学子。

那时的国立东南大学可谓盛名于天下，牛得不行。为什么会这么牛呢？因为当时在这所大学校园里，挤满了许多中国早期鼎鼎大名的海归，他们是杨杏佛（中国管理科学的先驱）、胡刚复（物理学家）、叶企孙（物理学家、教育家）、吴宓（中国比较文学之父）、任鸿隽（化学家、教育家）、张子高（化学家）、熊庆来（数学家）、秉志（动物学家、中国近代生物学奠基人）、胡先骕（植物学家）、戴芳澜（真菌学家）等。真是人才济济，尤其是在自然科学领域，更是比当时另外一所国立大学——蔡元培老先生掌玺的北京大学牛多了。

李善邦在国立东南大学读书时，正是这些大名鼎鼎的大学者、大教授云集的时候。他是理学系的学生，物理课受教于恩师叶企孙先生，叶企孙也对这个有优秀成绩的学生留下了非常深刻的印象。"关于他这段教学实践获得成功的最有力证明，就是后来成为化学家的柳大纲和地球物理学家李善邦，因为深得叶企孙真传而学业大进，'他们二人因功课学得好，给叶企孙留下深刻印象'。"[①] 其实当时李善邦比他的老师叶企孙也小不了几岁，不过正可谓一日为师，

---

① 邢军纪．2010．最后的大师——叶企孙和他的时代．北京：北京十月文艺出版社．

终身为父。但这件事还不是李善邦要终生感谢恩师的真正原因，那是什么呢？

1926年毕业之后经朋友举荐，李善邦在南京谋了一个中学物理教师的职位，他以为职业生涯开始了。虽然吃粉笔末的差事并不很富足，但比起农村的生活那已经是天壤之别。本想就此安身立命，可谁知道这个倒霉蛋生不逢时，当时正值北伐战争关键时期，硝烟弥漫，战云密布，南京城里到处是孙传芳的败兵。一天在街上碰见一群正在抢掠的游兵，他被吓得魂飞魄散。而且那时他又染上了几乎是不治之症的肺病，讲课时咳嗽都带血，为了不让学生们看到，只能偷偷把带血的痰吐进手绢。在万般无奈的情况下，不得已向朋友借了盘缠，离开曾以为可以安身的学校，仓皇逃回了广东老家。

此时的中国可谓国难深重，民不聊生。就在如此惨淡的时刻，又发生了多次震惊世界的大地震。当翁文灏决意要在中国建立地震研究事业以后，他竭尽全力去筹集资金等事，而寻找人才的事情他就委托给了自己的好朋友，时任清华大学物理教授的叶企孙。因为地震研究属于地球物理学范畴，而且国外已经开展了近百年，所以他的要求是学物理的、英文好。叶企孙搜肠刮肚，突然想起在东南大学任教时，给他留下深刻印象的那个来自广东客家山的小伙子，于是叶企孙急发电报。

翁文灏是李善邦的引路之人，而叶企孙是他的伯乐，所以他要终身感谢！不过他要感谢自己的妻子、孩子们的妈妈，又是怎么一回事呢？

李善邦大学毕业还没来得及混出点模样，就仓皇逃回了老家，可老家的人却很高兴，因为那时候的广东客家山里哪里有过啥大学生。不久李善邦就受聘在县里刚刚建立没有多久的新式中学，当上了老师，教授物理、化学还有英语。自古读书人最大的愿望就是所谓"书中自有黄金屋，书中自有颜如玉"，没想到逃回老家的李善邦真有点时来运转的意思，虽然教书匠并不富裕，但却也可以马马虎虎混个温饱。更让他没想到的是，他教授的一个班级里，一位美丽的姑娘心仪上了这位瘦弱的穷老师，她就是李善邦后来的夫人罗海昭女士。罗海昭是一个华侨富商家最小的女儿，虽然生在广东小小县城，从小又娇生惯养，但她生性直爽开朗，对新鲜事物充满好奇。开始她的父母坚决反对自己的千金与这个穷教师的恋情，但拗不过女儿。于是在 1928 年，李善邦与罗海昭结为伉俪。新婚没多久，1929 年的一天，李善邦突然接到恩师叶企孙的急电，要他赶赴北京受命，正处于热恋和初婚喜悦中时来运转的李善邦一下子没了主意，我到底是去还是不去呢？他问自己的新婚妻子，新婚妻子说："你去吧！"从此李善邦走上了他为之奋斗了一生的地震研究事业。

这就是几十年以后，他郑重其事的和小儿子说那些话的全部原因。

鹫峰地震台是在 1930 年夏天建立的，年初李善邦先被中央地质调查所派往上海徐家汇观象台的气象警报站学习。气象站是为来往于中国的外国船只提供气象服务的，其中也包括一些地震研究的仪器，站长是一位意大利传教士——龙相奇。刚来到徐家汇的李善邦初出茅庐，对地震一无所知，龙相奇又是个很骄傲的白人，十分看不起这个从广东来的傻小子，开始他几乎什么都没教，只是让李善邦帮着熏制地震记录用的纸。李善邦心里着急，就去观象台的图书馆自己找书看，当他了解到一些地震知识以后，就主动去问龙相奇，龙相奇非常惊讶，这个傻小子居然能用英文问自己地震的问题？从此龙相奇不再看不起傻小子，并且让李善邦进入自己的私人图书室去看书。可是没几天李善邦就离开了，"当时，我从学校出来，对于地震仪器一无所知，曾在此（指徐家汇气象站——笔者注）见习一段时间，希望得到一些基础知识，但事与愿违，遂因北京新台已经建成，当即遣返北京安装"[①]。

1930 年，中央地质调查所从德国进口了一台维歇尔式地震仪，安装好以后李善邦生怕把这个进口仪器弄坏，缩手缩脚鼓捣了半天，地震仪却动不起来。此事被时任清华大学物理教授的吴有训先生知道了，

---

① 李善邦.1981.中国地震.北京：地震出版社.

他来到鹫峰，看了看地震仪说，这不是多精密的仪器，你可以放手干！结果没多久地震仪就乖乖地开始工作了。地震台是建起来了，可是条件极其简陋，另外还有一个非常棘手的问题，供电！地震仪必须24小时昼夜工作，烛龙可没啥时间概念，它想啥时候喘喘气，就啥时候喘。鹫峰地处北京郊外的西山之上，当时还是一片荒野之地，在整个北京城都不可能到处提供电力的时代，穷乡僻壤的鹫峰就更别想有电力供应了，怎么办呢？用蓄电池！电用光了就赶着毛驴车去几十公里外的清华大学充电，然后再驮回来。于是从鹫峰到清华园的一条毛驴运输线开通了，这个运输线上除了毛驴，只有李善邦和贾连亨两个人，这在世界地震科学史上或许是独一无二的故事。就是这么个地震台，建成以后居然平均每个月可以记录到十几次地震。"对李善邦的表现，翁文灏大喜过望。他旋即将鹫峰地震台扩充为地震研究室，任命李善邦为主任，并将他的妻子从广东老家接来……中国地震事业开始从鹫峰艰难起步，逐渐发展起来……"① 而此时在荒凉的鹫峰之上干活的李善邦，干完一天以后，夜里也可以和妻子一起聆听窗外秀峰寺里松涛的声音了。

不过翁文灏知道，光靠一个聪明的李善邦还不足以建立中国的地震科学研究事业，必须汲取和学习当时世界上已经开展了一二百年的先进的地震科学知识。在鹫峰地震台建设完成并可以正常运转以后，翁文灏建议派李善邦东渡日本，"此时对地震学知识还很浅，虽然于本年1月起即努力学习，苦于无前辈指导，凭个人找来书籍自学，很难获得系统了解。日本是地震学很发达的国家，到那里从名师学一个时期，乃一件十分好的事情，心里很感激翁文灏这项建议。经他与今村教授联系结果，决定于一九三一年春到日本东京帝国大学去"② 显然李善邦也很有自知之明，知道自己有几两重。

"2月出国，到日本东京大学地震学教室（这里"教室"是日文，

---

① 邢军纪. 最后的大师——叶企孙和他的时代. 北京：北京十月文艺出版社.
② 摘自《李善邦日记》，私人收藏。

即指教研室——笔者）跟今村明恒学习地震。"①这是李善邦在日记里写的，不过接着他又写道："因'九一八'事变回国。"原来，他的这段留学生涯只延续了 7 个月。今村明恒是国际著名的地震学家，也是国际上地震预报的开创者之一，李善邦虽然只在他的教室待了 7 个月，却正所谓心有灵犀，李善邦回去以后鹫峰地震台也大变样，"1932～1934（夏）：在鹫峰地震研究室搞地震观测工作（家亦住在山上）。在这期间陆续添置加-卫式（即卫立蒲式——笔者注）地震仪，完成了鹫峰地震研究室的全部设备"①。

1934 年，李善邦又得到中基会的资助，以访问学者的身份，于 9 月到达美国加利福尼亚州帕萨迪纳地震研究室，跟随著名地震学家古登堡先生学习。当地报纸一篇题为 *Quake Expert Here From Orient* 的报道这样写道："One of the youngest and at the same time most distinguished earthquake authorities in the Orient，Dr L. Lee，from china will spend the next 6 months in Pasadena acquainting himself with latest developments in seismological research as exemplified here."（来自中国的、东方最年轻同时也是最杰出的地震权威之一李善邦博士将在帕萨迪纳作为期六个月的访问，以了解此地在地震学研究方面具有代表性的最新进展。）在美国访问学习期间，李善邦加入了美国地震学会，成为美国地震学会第一个中国籍会员。1935 年他又转至德国，在波茨坦地球物理研究所学习物理探矿和地磁知识，这些都为他后来的工作奠定了基础。这次游学之旅将近两年，1936 年夏天李善邦又回到了鹫峰。

此时的鹫峰地震台已经有了一点名气，而与全世界地震台网交换地震资料就是必需的了，否则一个鹫峰地震台单独的记录是没有任何意义的。连电都没有的地方，难道还想为地震台开办一个印刷厂？那肯定更是天方夜谭，怎么办？自己动手干，李善邦从城里买来简单的

---

① 摘自《李善邦日记》，私人收藏。

油印机，就像《红岩》小说里的成岗一样，还有钢板和蜡纸。成岗印的是《挺进报》，而李善邦和贾连亨印的是按照国际规定格式编印的、每年4期的《鹫峰地震台专报》，一个可以与世界各地的地震台交换的科学期刊就这样从鹫峰传向了全世界。在极其简陋的条件下，在李善邦和贾连亨的精心经营下，到1937年7月，鹫峰共记录到2472次地震，《鹫峰地震台专报》也由季刊改为半月刊，出版至第3卷第4期，鹫峰地震台也成为当时世界一流的地震观测台之一，受到国际地震界的重视。

虽然取得了一定的成绩，可是，中国人从1930年开始的探寻烛龙秘密的地震研究之路，却是一条布满荆棘的、有豺狼虎豹出没的、艰难的路。1934年以前，地震台上只有李善邦和贾连亨两个人，1934年清华物理系第六届毕业生翁文波（1912～1994）先生来到地震台，李善邦出国访问学习期间就由翁文波主持地震台的工作，鹫峰上还是只有两个人。1936年翁文波赴英国深造，1939年获伦敦大学博士学位，他后来成为中国著名地球物理学家、石油地球物理勘探的创始人。1937年，中国的地震研究事业在玩得有声有色、蒸蒸日上的时刻，突然间出事了。7月7日，卢沟桥响起了隆隆的炮声，抗日战争爆发了。战火很快在北京周围，尤其是西部地区燃起，刚刚从清华大学物理系毕业的叶企孙的高徒、清华大学物理系第九届毕业生、后来与李善邦共同奋斗了一生的著名地球物理学家秦馨菱（1915～2003）先生，刚刚来到中央地质调查所地震研究室报到，还没来得及登上鹫峰。8月1日凌晨，正在记录着山东菏泽地震的鹫峰地震台被迫停止工作。李善邦眼看着经营了7年的地震台无法继续工作下去，可枪子儿是不长眼睛的，他只好携家带口，与秦馨菱先生一起，随中央地质调查所撤往南京。贾连亨是北京人，对北京的情况十分熟悉，他受命处理地震台的善后工作。贾连亨不顾生命危险，冒着炮火硝烟，将地震台可以拆卸的仪器设备用驴车拉到了清华大学……

鹫峰地震台不在了，不过李善邦他们还在。

当中央地质调查所刚刚撤退到南京时，1937年8月13日淞沪战役爆发，日本飞机的炸弹落在南京城里，"因余屋位于小营之旁，屋后架设高射机枪，声震屋瓦，小妹（指李善邦的二女儿——笔者注）频呼'不要打了！'"①。在这种情况下，李善邦知道不但地震研究已经玩不下去，连性命都难保了，于是他想办法把太太和孩子送回广东老家，自己则与秦馨菱先生一起准备与中央地质调查所共存亡。

就在淞沪会战酣战正浓的时候，李善邦送走了家眷，他和秦馨菱先生一起，穿上马裤，扛着器材走了。他们去哪里？去干啥？当时国家正处于危难之中，救国是大家心里唯一的愿望，但救国不只是说说，救国需要武器，需要钢铁，李善邦是去湖南水口山探矿去了。七八年对地震科学的研究，已经把一个毫无经验的大学毕业生磨炼成一个成熟的地球物理学家。不仅如此，在中央地质调查所条例中也明确规定，他们的职责包括"七，关于地震记录、物理探矿及地球物理研究事项"②。在德国的学习这时候派上用场了，地震搞不成，那就去探矿，大地之下不光有一条不听话的、害人的烛龙，还有一条甚至无数条造福于我们、救国家于危难的钢铁及各种矿物的巨龙，李善邦要去发现它们！而就在不久前的1936年，丁文江在西南考察，死在了湖南，他是为"'求知'而死的，为国家备战而死的，是为了工作不避劳苦而死的"③。如今李善邦也要去湖南，作为一个地球物理学者，他要踏着前辈的足迹去完成未竟的事业，为国家，为备战，也为他心中那个永远不会泯灭的好奇心。

1938年年底，中央地质调查所撤退到陪都重庆，李善邦一家和秦馨菱于1939年2月也来到重庆北碚的鱼塘弯何家院子，从此一直到1945年抗日战争胜利，他们在这里度过了充满恐惧、惊悚的但却是充满希望的6年时光。刚到时，关于北碚的物价，李善邦在日记里这样写道："其时重庆物价尚低，米仅一元八角一大斗（合三市斗），肉类

---

① 摘自《李善邦日记》，私人收藏。
② 摘自《中央地质调查所——府令修正组织条例》，《中央日报》，1936年1月21日，私人收藏。
③ 翁文灏.1941.丁文江先生传.地质评论，6（1~2）.

二角一斤，蔬菜更廉。"可是到了 1945 年，"卅四年（即 1945 年——笔者注）米价至每大斗一万五千元。"变化之巨大简直吓死人。而关于日本飞机的轰炸，李善邦写道："每值晴日，不断警报，尤于卅一年（即 1941 年——笔者注），每日警报数次，即为最甚。夜间月色佳时，亦有空袭。"有一次李善邦因为手头有事，没有去防空洞躲警报，险些遭难："独有一次未避，便遭到轰炸北碚最惨之一次。当炸弹与燃烧弹纷纷落下时，余等皆窜入床下，一弹落于距余住宅仅三丈地，弹由屋脊飞过，若早十分之一秒，拨机放弹，余全家成粉末矣。"这些还不算完，"常多大风，办公大楼曾被风吹塌。余之住宅屋瓦甚薄，大风一起，则瓦片乱飞，风后常雨，真是屋漏偏逢连夜雨，令人狼狈不堪"。此外，"值秋旱水缺时，挑水夫常借故怠工，种种苦事不一而足。于是自己上屋修瓦面，挑水等无所不为，人说我除了不会生小孩，几乎无事不能做"。李老先生还真不是吹牛，除了不会生孩子，在重庆北碚如此极端险恶的情况下，他还干了一件大事情，什么大事情呢？

他和秦馨菱，以及后来又加入地震研究室的谢毓寿、刘庆龄等人，在 1943 年制造出一台被后人称为自从公元 132 年东汉张衡发明候风地动仪以后，中国人自己制造的第一台现代地震仪——霓式地震仪。这不是天方夜谭吗？还真不是。

李善邦来到重庆北碚，尽管情况十分险恶，可地震研究却没有因为情况的险恶从他心里消失。对制造这台地震仪的过程，他在日记里只有寥寥几笔："自西康回来后（他和秦馨菱 1940 年年初曾赴西康作地质探矿考察，得到关于攀枝花具有高品位铁矿的重要发现——笔者注），从事于恢复地震观测，力图设计自制仪器。此时电力、自来水均无，车床用人力摇动，晚间一灯为茔，或等或淡。每至午夜以后，渐至身体不能支持。三十三年（即 1944 年，此时地震仪已制造完成——笔者注）又复频频吐血（李善邦早年患有肺结核——笔者注），身体几乎崩溃。"英国著名学者李约瑟先生，1942 年曾到重庆访问，当他听到叶企孙先生关于地震研究的事情后，对中国当时还有人在研究地震感到非常惊讶。有一天，在叶企孙和翁文灏的陪同下，李约瑟来到重庆北碚的地震研究室，出现在他眼前的是四个瘦骨嶙峋、脸带菜色，却可以用流利的英语与他大谈地震的中年人，李约瑟被彻底感动。他问李善邦，需不需要他回英国时给他寄送一些营养品，李善邦回答说，营养品我虽然很需要，但是我们的地震仪现在急需一根弹簧，这种弹簧中国还生产不了，我更需要这根弹簧。后来李约瑟如约寄来了弹簧，而不是营养品。

这台现在看来已经属于恐龙时代的水平向地震仪，于1943年6月22日，记录到成都附近的一次地震。在后来的两年多时间里，一共记录了109次大小地震。那为什么叫霓式地震仪呢？翁文灏字咏霓，霓是翁文灏名字中的一个字，李善邦他们，把用自己的血汗制造的这台地震仪献给了他们的引路人，中国地震事业最早的倡导者翁文灏先生！

为了地震，李善邦用尽了自己一生的精力，烛龙却仍然在那里偷偷地笑。20世纪80年代，李善邦先生在完成自己的著作《中国地震》后不久就离开了人世，那年他78岁。在他60岁那年，有一天不知为啥突然兴起，夜半作歌："呀！李善邦，视茫茫，发苍苍，六十年华梦一场。往事如烟，事业无成，文章难就，又何妨。但愿太平日，改弦更张，老夫犹发少年狂，手挽雕弓，射天狼。"

这就是中国地震研究事业起步的大致过程，而关于那条潜伏于地下还在偷笑的烛龙，却需要更多像翁文灏、李善邦、贾连亨、秦馨菱这样的人继续玩下去，才有可能最终揭开它的秘密。

第十二章 继往开来
绝学九章

　　古时候中国把数学叫做数术之学，在唐朝以前数术之学是一门很受重视的学问，是科举考试必考科目。中国很早也有人写数学书，比如公元前1世纪成书的《周髀算经》，虽然这本书主要聊的是天文，却是中国最早的一本数学书，里面谈到了勾股定理和很多相当复杂的数学问题。可是由于后来的读书人读书的目的都是做官，做官需要了解怎么对付人，对付自然、种田、修水渠、盖房子的数学也从此没落，几乎成了绝学。不过这不耽误中国出现国际级的数学大师，他们来自唐朝灭亡1000多年以后，辛亥革命发生后的那个时代。

数学（小学叫算术）也许是让淘气包们最头疼的一门课，他们最怕的老师估计也是数学老师。淘气包们为啥这么怕数学呢？按照《中国大百科全书》的解释，数学是"研究现实世界中数量关系和空间形式的科学。简单地说，是研究数和形的科学"。所谓淘气包一般是指比较贪玩的孩子，他们会想出各种办法去玩去闹，让一个心里还想着昨天玩得十分开心的淘气包，课堂上却听数学老师在讲啥数量和空间的关系，头肯定马上就大了，这样的课还要考试，不怕才见鬼。不过没学好数学的淘气包，长大了肯定会后悔，为什么后悔呢？因为数学太有用了，就算是他们当年玩的捉迷藏游戏，原来也是可以做出一个数学模型的。

淘气包怕数学老师，但未必不尊重他们，因为数学老师一般都戴着眼镜、温文尔雅，孩子们心里虽然怕，却也都很喜欢和敬重他们的数学老师。为啥呢？因为数学从古代起就是一门大学问，教数学的老师肯定是最受尊重的。中国自古就很看重数学，《竹书纪年》前卷记载的中国第一个皇帝"太昊庖牺氏"，也就是伏羲，他干了一堆事情，包括"始作八卦，以龙纪官，立九相六佐，制九州，造书契，做甲历，造琴瑟，作立基之乐"等，其中八卦和甲历是要计算的，所以和数学有关。还有一本叫《术数记遗》的书里写道："黄帝为法，数有十等。及其用也，乃有三焉。十等者谓亿、兆、京、垓、秭、壤、沟、涧、正、载也。三等者谓上中下也。"意思是说，到黄帝时代就定下了关于算数的许多规则。最古老的一部数学典籍应该是《周髀算经》，书中开篇说："商高曰：数之法出于圆方。圆出于方，方出于矩，矩出于九九八十一。故折矩，以为勾广三、股修四、径隅五……此数之所生也。"商高是谁？他是周朝，也就是3000年前的数学家，他说的"出于圆方"的"数之法"、方和圆的关系，以及勾广三、股修四、径隅五，都来自"天圆地方"的大自然，因为在古代还没人知道我们的脚下是个球，古代人看到这么广阔的大地觉得一定是方的，而天空像个大罩子，那肯定是圆的，于是就有了"天圆地方"的想法。古人认为眼前生生不息的世界、宇宙万物就存在于这个"天圆地方"之中，数学也存在其中。这么了不得，又和我们如此息息相关，数学肯定是最厉害、最了不起、最重要的学问了。从伏羲到皇帝再到《周髀算经》可以看出，数学在中国是一门老得不能再老的学问。

周朝时，高雅人士讲究玩所谓六艺，啥是六艺？那就是"礼、乐、射、御、书、数"，其中最后一项是数学。到了隋朝有了科举，数学就成了科举中一门重要的科目，称为"明算科"。无论是玩高雅的六艺还是科举考试，肯定都要有老师教，所以古代就有温文尔雅的但不知戴不戴眼镜的数学老师了，那时的数学老师叫博士，可见古代的数学老师是非常受人尊重的。中国自古也有很多著名的数学典籍，唐高宗令人从古代典籍中遴选出十本，那就是唐高宗向他的子民们推出的数学必读书，叫做"十部算经"，其中包括《周髀算经》、《九章算术》、《孙子算经》、《五曹算经》、《夏侯阳算经》、《张丘建算经》、《海岛算经》、《五经算术》、《缀术》、《缉古算经》。这其中最古老的那本《周髀算经》，据说是周公的作品，书里的内容也的确是周公和商高的对话录，他们俩还聊了"勾三股四弦五"，也就是著名的勾股定理。

洋人那边开始玩数学的时间没有中国早，不过西方人玩起数学以后也很厉害。在古希腊，公元前600年左右的泰勒斯被称为第一个科学家，他也是个数学家，他证明了几个几何定理，在他以后又有个叫毕达哥拉斯的，也玩数学，后来还有欧几里得、阿基米德、丢番图等，都是古希腊伟大的数学家，这些人的名字直到今天也都是大名鼎鼎。中国古代虽然有很多经典的数学书，但叫得上名字又很著名的数学家不太多，如果把黄帝、周公和商高也算上，后来还有魏晋时期的刘徽、南北朝的祖冲之、唐朝的王孝通、北宋的秦九韶，2000多年来超不过10个人，再后来出现的比较著名的数学家就相对比较晚了。

现代数学已经成为一切科学的基础，自然科学自不必说，社会科学也离不开统计、概率等数学关系，经济学就更离不开数学了。马克思如果是个害怕数学老师的淘气包，他是写不出《资本论》的。这本书里有大量的数学，比如他在第二卷里讨论的货币资本循环公式：

G—W…P…W′—G′①，那是彻头彻尾的数学，总之没有数学，一切科学都无从谈起。可是当人们提起曾经为现代数学作出过伟大贡献的数学家时，大家说出来的不是牛顿、莱布尼茨就是欧拉、黎曼等一大堆外国人的名字，难道中国这个古老的数学之国，对现代数学就一点贡献都没有吗？中国人难道真这么笨吗？

中国人不笨，古代中国的数学是很牛的，不过也许是前面说的怕数学老师的淘气包太多，再加上读书人越来越重视道德伦理的学问，两耳不闻窗外事，大家的聪明劲儿都一股脑儿地用在怎么读书做官，怎么才能"学而优则仕"上，读书人懒得去关心和大自然有关的事情，用心地、好好地学数学的人肯定越来越少。"明算科的学生有时多达30人，少则几人，而且不是一二届，断断续续持续了100多年，究竟有多少学数学的学生实无法统计，粗略估计不下一二百人。"②这是《中国数学史大系》里对隋朝开始设明算科以后数学学生的统计。100多年只有一二百人学数学，能出现大数学家的可能性肯定非常小。而且更遗憾的是，这样的情况也没有维持多久，到宋朝中国有了活字印刷，按说只要多印几本《周髀算经》或《九章算术》，街边的小书摊都能买到这些数学经典，喜欢数学的人就会逐渐多起来，可是这样的情况不但没有发生，宋朝建立以后干脆连科举考试都不设明算科了。直到北宋后期（大约是1080年前后）才有人觉得不对劲，赶快恢复了"算学"，但是已经来不及了，40多年以后的1126年北宋灭亡。元、明、清三个朝代数学也没有成为受知识分子重视的学问，数学书几乎绝迹。"……从此以后便走入下坡路，从元代到清代中期的500年间，《九章算术》的流传简直是不绝如丝，不仅没有印刷过一次，连手抄本也不多见。"②

古代中国伟大的数学就这样逐渐走入荒漠，老鼠妈妈想在书房里找本数学书啃啃都找不到了。而恰恰在这个时代，晚辈儿的欧洲，数

---

① 马克思.2010.资本论.朱登缩译.海口：海南出版社.
② 吴文俊.1998.中国数学史大系.北京：北京师范大学出版社.

学却突飞猛进，牛顿、莱布尼茨、欧拉、高斯、黎曼、傅里叶等，现代数学之光渐渐照亮欧洲，科学革命来了。16～17世纪，当外国传教士把在欧洲完全变了样的数学带进中国以后，一些中国学者才注意我们这个老大哥已经大大地落伍了，这些学者包括徐光启、王徵、李之藻、李善兰等，于是数学又在中国悄悄复兴。

1859年，李善兰和苏格兰传教士伟烈亚力共同翻译了《代数学》13卷和《代微积拾级》18卷，这两本书第一次把近代代数、解析几何和微积分带进中国。另外他们还把欧几里得的《几何原本》全部翻译出来，完成了徐光启、利玛窦当年没有实现的愿望。华蘅芳和英国人傅兰雅一起翻译了《三角数理》12卷和《决疑数学》10卷等。不过这时中国的数学仍然处在基本与世界脱轨的状态，现在大家都在用的数学符号还没有在中国得到运用，数学书里还看不到阿拉伯数字，中文数学书里用的是横竖线或甲、乙、丙、丁，子、丑、寅、卯，拉丁文的数学符号是用二十八星宿里的中国字代替的。不过，无论如何，中国的一场一直延续到今天的数学接力赛却从那时开始了，前面那几位就是最早冲过起跑线的人。

中国古代的数学虽然很牛，但是几千年来没有得到发展，原因除了上面说的读书人不喜欢以外，还有一个原因也非常重要，啥原因呢？那就是不懂得扬弃与批判。人类文明总是在不断进步的，进步不能原地打转，而是旧的事物不断被扬弃，好的留下来，不好的丢掉，这种玩法就是批判。所以欲现代数学来到中国，就需要用批判的态度去审视中国古代数学，不过包括徐光启、李善兰这样的老前辈也还没想起这样玩，他们对中国的数学还是抱着顶礼膜拜的态度的。20世纪初，玩批判的时代终于来了。叶企孙先生在他1917年写的一篇论文《中国算学史略》里这样说道："读史徒知事实，无补也。善读史者观以往之得失，谋将来之进步。我国算学，如商高、刘徽、祖冲之、王孝通、秦九韶、李冶、李善兰、华蘅芳辈，其将卓绝千古，固无可疑。而观其全局，其进步卒远逊欧西者。其故有四。"① 后面叶企孙先生把中国古代数学自身的问题与西方的数学作比较，归纳如下。"（一）缺乏系统之研究，历观古算书，大多一题一法，而不会通其理。后世习而不久，既无公理，自难发达。欧洲则受希腊之影响，希腊人研究数学，极有系统者也。（二）传习不广，古史难稽，自宋以后，习者极少，此线将绝，故称算学曰绝学。一人特起，继续研究。则曰继绝学。欧洲中古，虽称黑暗，然习几何者尚多。此其较卒影响于后日。（三）囿于旧习。古算式难言，而十三世纪之四元算式，载籍具在，其不便不待言。清乾嘉之际，学者犹用之，虽知不便，不思改也。而代数学卒以此不进。欧洲之代数式，十七世纪中尚极不便，二百年中，积极改良，至于今况即此一端，其影响于算学全局已不浅矣。（四）自然科学不发达，苟无天体力学，奈端未必深研微积，苟无电学，虚数永无为用，苟观测不求精，概率学必不发达。自然科学非用数学不精，而数学进步，尤待自然科学之需用而激起。欧洲自十六世纪以来，自然科学逐渐发达，我国至今方萌芽。此亦数学不进之一故也。"① 不过叶老先生并不是发发牢骚就完事了，他接着写道："以上所言，非诋古人，要在自知处力求精进，欲谋以后之大进。……如是则后日之进步，必无止境。读者能鉴以往之得失，而以积极进取为心，则斯篇非废纸矣。"①可见叶企孙先生不是在发牢骚，他是怀揣着科学救国的梦想，他希望具有古老传统的中国数学不绝，并融入属于全人类的数学大家庭之中。那么叶师的梦想实现了没有呢？

叶企孙不是玩数学的，他的梦需要玩数学的人去实现，不过他说的"一人特起，继续研究，则曰继绝学"的事情在 20 世纪初的中国的确又一次发生了。1909 年，建立了退还庚款的游美学务处，从这一年到 1911 年共有三批留学生赴美，其中第二批留学生当中有胡适和赵元任两位后来鼎鼎大名的大学者，历史老师经常会讲他们俩，不过这批

---

① 《清华学报》，第 2 卷第 6 期，1917 年 5 月 1 日，清华大学图书馆收藏。

人里还有一个，这个人历史老师不太讲，他就是中国第一个在哈佛大学获得数学博士学位的胡明复（1891~1927）先生。胡明复是无锡人，他们家有三个兄弟都是中国近代大名鼎鼎的学者。老大胡敦复（1886~1978），数学家、教育家，1907年赴美国康奈尔大学，1909年被聘在游美学务处负责选派留学生，是中国早期新型私立大学大同大学的创办者之一；老二胡刚复（1892~1966），中国最早的原子物理学家，并从事X射线光谱的研究，1909年第一批庚款留学生，在哈佛大学获得物理学博士学位，回国后在东南大学创办了中国最早的物理实验室，是吴有训、严济慈、赵忠尧、李善邦、施汝为、钱临照等学者的恩师；老三胡明复，是数学家和教育家。

　　1910年胡明复到美国以后，进入康奈尔大学文理学院，和后来成为语言学大师的赵元任是同班同学。后来胡适因为糊里糊涂总是算不清苹果的种类，从康奈尔大学的农学院转到文理学院，和胡明复、赵元任成了同班同学。当胡适正在为到底是文言文好还是白话文好，与人争得面红耳赤的时候，胡明复、赵元任及任鸿隽等几个康奈尔大学的中国留学生，正在琢磨创办中国科学社。1915年，《科学》月刊出版以后，胡明复发表过《万有引力之定律》、《算学于科学中之地位》、《近世科学的宇宙观》、《近世纯粹几何学》等数学和科普文章，这些文章就像新鲜的血液一样，注入了刚刚开始玩现代科学的中国人的心里。1914年，胡明复从康奈尔大学文理学院毕业以后，来到哈佛大学研究院，跟随几位数学大师研究学习，主要从事积分方程的研究，并成为第一个获得数学博士学位的中国人。

　　1917年，胡明复回国，加入他哥哥创办的上海大同大学，建立了数学系。他不但从事数学教学，他还说过，他是为中国科学开路的小工，是那个时代玩了命也要普及科学精神和科学思想的一个小工，一个哈佛大学数学博士。他在1916年发表的一篇文章《科学方法论——科学方法与精神之大概及其实质》中写道："且夫科学何以异于他学乎？……即在科学之方法……科学方法之唯一精神，曰'求真'……此种精神，直接影响于人类之思想者，曰非除迷信与妄从。"这个为科学开路的小工，就是要在中国传播"求真"而不是迷信和妄从的科学精神。但非常令人惋惜的是，1927年，这么可爱的一位为中国科学开路的"小工"胡明复先生，不幸溺水身亡，时年32岁，中国刚刚兴起的科学事业蒙受了一次巨大的损失。为纪念这位卓越的科学奠基人，当时的教育界筹建了"明复馆"。"明复馆"就是现在的上海卢湾图书馆。

不过，走了一个胡明复，中国的数学接力赛并没有停止。1921年，东南大学的前身——南京高等师范学校来了一位温文尔雅的数学老师，从此中国的绝学不但得以为继，而且在后来的几十年里，从这位数学老师那里又走出了一位位优秀的数学家，这么伟大的老师是谁呢？他的名字叫熊庆来，一般历史老师也不太说。

熊庆来先生是云南人，出生在弥勒县的一个小村子里，弥勒在昆明的东南边，被崇山包围，是个多民族聚集的地方，所谓人杰地灵。据说熊庆来的父亲曾在赵州府（赵州府是现在大理的一个区）做儒学督导，所谓儒学督导就像现在教育局里管教育的，虽然不是啥大官，但肯定是个读书人。熊庆来小时候在家乡读私塾，13岁跟着父亲到赵州读书；14岁他来到昆明，开始接触新学，先后在云南方言学堂和高等学堂学习；1912年以优异的成绩考上当时云南为培养留学生设立的英法文专修科，学习法文；1913年考上官费留学，同年夏天来到比利时包芒学院预科；1914年熊庆来报考列日大学（University of Liége），准备进入采矿系。为啥要学采矿呢？从19世纪中期开始，有点志气的读书人心里都有个梦，那就是强国之梦。云南是一个极富有色金属矿产的省份，著名的个旧锡矿，已经有一两千年的开采历史。洋人很早就觊觎着云南丰富的矿产，《辛丑条约》签订以后，英法得到在云南开采矿山的特权，法国人从1904年开始在云南修建了滇越铁路，大肆掠夺中国的矿产。熊庆来作为一个云南人、一个热血青年，对此最心知肚明。为了心中的强国之梦，所以他要学习矿业。可熊庆来为什么后来却没有成为矿业学家，而成了数学家呢？这其中有两个原因。

第一个原因有点惊悚小说的味道，怎么回事呢？1914年6月28

日，奥匈帝国费迪南大公被暗杀，第一次世界大战爆发了。当熊庆来正在比利时列日大学考场埋头答试卷的时候，德国不宣而战，大军已经开进了列日城，考试在第一次世界大战的枪声中中断了！这段惊悚小说虽然是有惊无险，但是战火却已经实实在在地在比利时燃起，不得已，熊庆来只好离开比利时，他先到荷兰，再到英国，又从英国到达法国巴黎，准备继续学习矿业，可巴黎的矿业大学也因战争关门了。了解一点第一次世界大战史的都会知道，在1918年年底德国投降以前，除了巴黎，法国的东北部几乎都成了战场，熊庆来先生这段时间都在法国。非常令人惊奇的是，1916年11月，熊庆来获得了法国高等普通数学的学位。一个求知心切的中国学子是有胆量冒着战火去完成自己的夙愿的。不过惊悚故事还没有结束。

当协约国和同盟国的军队还在兴登堡啥的战场上鏖战的时候，熊庆来又因为照顾一位患肺结核的同学和挚友，自己也染上肺病。那时还没发明任何治疗肺结核的特效药，得了肺结核唯一的解决方案是到一个空气新鲜的地方安安静静地修养，医生也的确劝他去瑞士修养。他遵照医生的建议去了瑞士莱辛，一个以治疗休养肺病知名的休养地。好在瑞士是个世外桃源，战火没有烧到这里，熊庆来才可以静下心来休养。可在那个时代，得肺病可不是闹着玩的，休养必须要有坚毅、乐观和平静的心态，这样才有可能得到治疗，不过熊庆来都做到了，经过一年的休养，熊庆来痊愈。可是，得了肺病以后的熊庆来身体状况大不如前，这样的身体去翻山越岭地探矿，肯定是不靠谱了，只能放弃。所以身体是他放弃矿业改学数学的第一个原因，但不是最主要的原因。

另一个原因是他在法国碰见了一位数学老师，这个老师的话，让熊庆来最终成为一位杰出的数学家。"我曾经问过爷爷，为什么后来改变初衷，本来是学习矿业的，却又改学了数学。爷爷回答说，一方面是因为身体不好，经常生病，不适合在野外工作；另一方面，在法国南方，他遇见了当时法国很有名的一位数学老师。这位数学老师对他讲：数学是所有科学的基础，数学的发展带动着所有科学的发展。数学领先于所有科学，要发展科学，数学要先行。"[1] 这是他孙女熊有德女士的一段回忆。那个时代的中国还谈不上什么科学，令人骄傲的中国古代算学更是已近绝迹，根本玩不过外国佬了。作为一个心怀科学救国之梦的热血青年，听了数学老师这番话不可能还有其他的选择，这个选择也让熊庆来成为使中国的算学得以为继、让数学之光照耀华夏的一位重量级大师。

几年的时间，第一次世界大战打完了，熊庆来也获得了法国好几个学科的证书，已经是硕士学位。1920 年，熊庆来又获得了马赛大学的高等普通物理学证书，虽然学成回国是他的最终目的，在欧洲几年的学习却让他对数学有了更深刻的认识，他很希望再用一段时间对数学有更多的理解和认识，拿到博士学位。不过要获得法国的博士学位不是一件容易的事，法国博士学位也许是全世界最难拿的，想得到博士学位起码还需要继续学习两年。可此时他已经多次收到祖母病重盼速归的消息，另外当时云南省政府要他回云南开办大学，于是只好放弃学业留下遗憾匆匆回国。可是当他赶回家时看到的却是祖母的遗像，"离欧忽接恶消息，跨海涉洋心悲戚。归回不闻謦欬声，留瞻遗像神奕奕"[1]。祖母没了，省长唐继尧也没了，他被滇军一军军长顾品珍赶出了昆明，"行至国门传政变，唐家威福告图穷。滇南今后谁为主，劳苦功高说顾公"[1]。熊庆来以这两首小诗表达了自己回国时的悲伤和窘况。

回到云南正发愁啥事也干不成的时候，机会却来了。那时继绝学正在中国悄然兴起，全国已经有几所大学开办了数学系，像 1912 年的北京大学、1918 年的上海大同大学和 1919 年的南开大学等。1921 年，南京高等师范学校（1922 年改为国立东南大学）也要开办数学系，当时在那里任算学教授的是法国留学回来的何鲁先生。他考虑到中国当时学生程度不高，所以采用了法国中学的教材，但即使这样，许多学

---

① 　熊有德.2009.我和爷爷熊庆来.杭州：浙江文学出版社.

生还是听不懂纷纷离开教室，最后只剩下一两个学生在听课。不久上海一个由法国人办的大学请何鲁先生去做教授，教了半天教室里就剩下俩学生，不走还等什么？于是他离开了东南大学，临走前推荐了熊庆来先生，校长郭炳文向熊庆来发出邀请，邀请熊先生担任新开办的算学系主任。

在后来的几年里，东南大学成为当时中国赫赫有名的高等学府，集中了一大批海归，教物理的有胡刚复、叶企孙，教生物的有秉志、胡先骕、戴芳澜等，教数学的开始时却只有一个教授，他就是熊庆来，而且还是系主任。但是这一个教授熊庆来却为后来中国的数学教育奠定了坚实的基础，培养出一大批优秀的学生。熊庆来有这么大的本事？他有！熊庆来认为"大学的重要不在于其存在，而在于其学术的生命与精神"[1]。他来到东南大学了解了学生的情况以后，一改何鲁先生直接借用法国教材的方法。大学学术的数学生命在哪里？只有让学生赋有数学的生命，学术才是有生命的，为此他含辛茹苦地自己编写适合中国学生的教材，他编写了《平面几何》、《球面三角》、《方程式论》、《解析函数》、《微分几何》、《微分方程》、《偏微分方程》、《高等算学分析》、《力学》、《动力》等十多种数理教材。有这样优秀的老师，还培养不出优秀的、极富学术生命的学生吗。事实就是可以！在后来的几年里，严济慈、蒋士彰、胡坤升、唐培经、赵九章、赵忠尧、施汝为、柳大纲、李善邦等中国著名科学家，纷纷从熊庆来的教室里走出来，熊庆来编写的教材也都成为当时中国大学教育最早的教材。[2]

不久以后，已经得以为继的数学又在清华大学崭露头角。在东南大学，熊庆来认识了叶企孙，熊庆来寡言少语，叶企孙有点口吃，都不太爱说话的两人却成了好朋友。熊庆来是学数学的，叶企孙是学物理的，他俩怎么会成好朋友呢？从前面提到的叶企孙那篇《中国算学史略》可以看出，叶企孙的心中对中国古代数学有着非常深邃的思考，

---

① 刘兴育 . 2010. 熊庆来 . 昆明：云南大学出版社 .
② 熊有德 . 2009. 我和爷爷熊庆来 . 杭州：浙江文学出版社 .

虽然两人都不太爱说话，必定是心有灵犀，心中共同的梦让他们成了挚友。叶企孙是1924年来到东南大学的，1925年受恩师梅贻琦的召唤，回到他的母校清华新开办的物理系做教授。1926年清华筹备成立算学系，已经成为清华物理系主任的叶企孙，邀请他在东南大学的好朋友熊庆来到清华任教，并担任算学系主任。

1926年熊庆来到清华算学系走马上任。梅贻琦说过："所谓大学者，非谓有大楼之谓也，有大师之谓也。"清华算学系来了大师，叶企孙说的"一人特起，继续研究"，在清华也成了现实。此时清华的"一人"已并非一个人，而是一群致力于"继绝学"、玩数学的人。熊庆来来到清华，与已经在清华任教的、从美国康奈尔大学毕业回来的海归数学教授郑之蕃，讲师潘文焕、罗邦杰，助教胡坤生一起，开办了清华算学系。对清华的教学熊庆来认为"大学生命在于教学和研究，要有浓厚的学术空气"[①]。1929年，清华在熊庆来先生的主持下，创办了中国第一所数学研究机构——清华理科研究所数学部。

编写了教材，在东南大学和清华大学建立了数学系，并已经培养出不少数学人才，但这还不是熊庆来最终的梦想、最终的夙愿。他的夙愿是什么？他要让中国得以为继的绝学与世界水平比肩。1932年7月在瑞士苏黎世召开了国际数学家大会，这次大会第一次有中国数学家参加。国际数学家大会（ICM）是由国际数学联盟（IMU）主办的，首届大会于1897年在瑞士苏黎世举行，到1932年已经是第九届，参加这次国际数学家大会的中国代表就是熊庆来先生。熊庆来在参加了国际数学家大会以后，请假赴法国普旺加烈学院作数论研究，他希望在法国完成多年来想要解决一些重大数学问题的梦想。两年以后，当论文完成后，熊庆来把论文大部分内容发表在他昔日的老师、法国科学院院士维腊主编的《数学杂志》上。维腊对熊庆来的论文十分赞赏，而且维腊也了解当年熊庆来由于祖母病重和家乡要创办大学等因素，

---

① 刘兴育.2010.熊庆来.昆明：云南大学出版社.

没有取得博士学位就回国的遗憾，于是他建议熊先生就以这篇论文，申请法国国家博士学位。1934年，熊庆来先生获得了按照吴文俊的说法"必须有杰出的创造性成就才有望通过的"法国国家理学博士学位。在他的博士论文《关于整函数与无穷级的亚纯函数》中，引出的一个后来被广泛应用的无穷级，国际数学界称之为"熊氏无穷级"，实现了熊庆来多年前在法国没有实现的愿望。

获得博士学位后，熊庆来随即回到清华，继续他的教学生活，一直到1937年抗日战争爆发。从1921年到东南大学开办算学系、编写教材，1926年清华算学系开办，一直到1937年，熊庆来显示出了杰出的才华，不但培养出许宝禄、陈省身、吴大任等大数学家，以及严济慈、蒋士彰、胡坤升、唐培经、赵九章、赵忠尧、施汝为、柳大纲、李善邦、钱三强、钱伟长等大学者，还发现了数学奇才华罗庚（1910～1985）。有着几千年古老数学传统却停滞了上千年已近绝学的中国，就像叶企孙当年梦想的："要在自知处力求精进，欲谋以后之大进……如是则后日之进步，必无止境。"中国的数学走进了新的辉煌，当之无愧地跻身国际顶尖数学领域，中国人一点都不笨！

华罗庚是大家都比较熟悉的数学家，华罗庚先生应该说是一个对数学充满了好奇、名副其实的数学奇才、数学大玩家。如果现在在街上随便拦住一个人，问他知不知道华罗庚是谁，那人肯定会说是数学家。但是如果问熊庆来是谁，估计大多数人回答不上来。更不会有几个人知道，如果华罗庚不是被熊庆来先生一眼相中，这个数学奇才、大玩家也许只是江苏乡村小学校里一个穷工友。这是怎么回事，熊先生是怎么发现华罗庚的呢？所谓无巧不成书，熊庆来到清华掌玺数学系以后的1930年，有一天他在数学系的图书馆看杂志，他偶然间翻到一篇华罗庚的论文，看了之后对论文非常赞赏，但熊先生却根本不认识这个叫华罗庚的作者是谁，他边看边大叫，"这个人是哪个大学的"？在旁边看书的同事们听到熊先生的叫声，都凑过来看是怎么回事。说来也巧，熊先生的高徒，当时已经是数学系助教的唐培经是华罗庚的同乡！他告诉熊先生："这人是我的同乡，只念过初中，在我家乡金坛中学当庶务员呢。"① 于是，一代数学大师华罗庚就在清华数学系的图书馆里被发现。

这个华罗庚华大师乃江苏人也，1910 年出生在江苏省金坛县。金坛在江苏南部，属于常州地区，金坛的东边是无锡，北边是镇江，这里现在是所谓苏、锡、常金三角的范围，是经济发达地区。不过 100 年前可不是，除了大地主的家里经济比较发达，普通老百姓都穷得很，华罗庚家也是普通老百姓，是穷人。不过他好歹上了初中，1925 年初中毕业以后，因为家里没钱，就去了一所免费的中学——上海中华职业学校，这个学校和现在的技校一样，属于职业高中。学费虽然可以免，可上学也要吃饭睡觉，伙食费和住宿费家里也付不起，结果还是退学回到了老家。回家以后帮着父亲料理杂货铺，后来又到中学去做会计兼庶务员，庶务员其实就是学校的杂工、工友。

中国历史上有很多称得上奇才的人，最早一个应该是轩辕黄帝，《竹书纪年》里说他"生而能言，龙颜有圣德，劾百神朝而使之"，意思是轩辕黄帝生出来就会说话，一张脸一看就有圣德之象，百神都跑来朝拜他，这个奇才可真是不得了。不过华罗庚不是一生出来就是奇才，他是个穷孩子，一切只能靠自己。华罗庚自幼就爱动脑筋，整天低着头做思考状，因为这个原因，还让同学给了一绰号——"罗呆子"。从上海退学回家以后，上不起学咋办？那就自己学，就像现在的小朋友，如果对一件好玩的事情特别有兴趣，那肯定要想尽各种办法去玩。华罗庚对数学特别有兴趣，他要玩数学。在家给爸爸帮忙或在学校做庶务也不能耽误，数学只能在业余时间玩。好在玩数学不像物理，不用做实验，更不像玩地质，不用到处乱跑，学数学的好处就是除了有脑子，剩下的最多是一本书、一支笔和一张纸。所以只要有点时间，华罗庚就坐在家里，甚至坐在路边琢磨数学问题，结果没用几年的时间，他就把大学的数学课程都读完了。华罗庚 16 岁辍学，几年

---

① 邢军纪.2010.最后的大师.北京：北京十月文艺出版社.

第十二章　继往开来　绝学九章 | 235

以后的 1929 年，他在《科学》杂志上发表了一篇论文《Sturm 氏定理之研究》。Sturm 定理是代数中的一个定理，是用于决定多项式不同实根的个数的方法。华罗庚在这篇论文里，把 Sturm 定理作了简化，虽然不是什么大的创造，但被《科学》杂志的编辑看中并且发表了。一年以后他的一篇《苏家驹之代数式的五次方程式不能成立之理由》又发表在《科学》杂志第 15 卷第 2 期，这一篇就是熊庆来在清华数学系图书馆看到以后叫好的论文。

苏家驹是谁呢？苏家驹虽然没有啥名气，但他也是一个为科学为教育而生的中国人，更绝妙的是，他是可以让华罗庚崭露头角的一个引路者。1924 年，苏家驹毕业于武昌高等师范学校数学系，后来几乎一生都在做中学老师。苏家驹也对数学充满了兴趣，1929 年他在上海《学艺》杂志发表了《代数式的五次方程式解法》。这篇论文被华罗庚看到了，华罗庚在《苏家驹之代数式的五次方程式不能成立之理由》里指出，苏家驹的计算有错误！而华罗庚的论文恰恰又被熊庆来看到，于是无名的、自学成才的数学奇人华罗庚被发现，并被熊先生请到堂堂清华大学数学系，成为中国著名的、杰出的大数学家。

把华罗庚请到清华不仅熊庆来竭力主张，系里的老师知道他只是一个初中毕业生时，也非常珍爱这个难得的人才，七个老师一致赞同把华罗庚请到清华来，这个决定也很快得到理学院院长叶企孙的同意。

不过华罗庚来到清华以后，还是引起了不小的争论。当华罗庚走进清华园时，大家发现他还有残疾。华罗庚 18 岁的时候得了一场重病，左腿落下残疾，走路按华罗庚自嘲的说法是"圆与切线的运动"，就是右脚向前迈一步，左脚再画个圆，然后才往前走一步。一个初中生，还有残疾，请到清华来无论如何对于不明白真相的人来说，确实大大地不理解。"1931 年 8 月，当华罗庚的身影出现在清华园时，在大学内部，特别是在教授会上，有关他的身份和生理问题，引发了一场激烈的争论。"① 关键时刻叶企孙先生说话了，他说请大家先看看华罗庚的论文以后再说话，以我的判断，不日之后，华罗庚会成为中国数学界闪亮的星辰。而华罗庚更没有辜负叶师和熊先生的希望。

刚刚来到清华，对熊庆来来说最困难的问题是如何安排华罗庚的职务，华罗庚不要说做研究生，即使做本科生都没有资格。于是熊庆来想了个办法，先让他做算学系的助理员，任务是整理图书，收发文件。这样不但可以留下华罗庚，还可以让他自由地参加本科的课程学习，华罗庚只用了一年半的时间就完成了全部课程。期间他还自学了英文、德文和法文，并继续潜心研究数学问题。从进入清华到 1936年，华罗庚发表了十几篇论文，并被外国学术杂志刊用。华罗庚确确实实像叶企孙说的那样，不日之后，便会成为中国数学界的一颗灿烂的新星，教授们再也不会因为这么牛的清华大学请来一个初中生而感到任何不对劲儿了。

1936 年，叶企孙再次破格，让华罗庚出国学习。这年夏天，华先生来到英国剑桥大学，师从数学家、数论大师哈代。在剑桥的两年，华罗庚发表了十多篇论文，其中一篇《论高斯的完整三角和估计问题》，再次证明了华罗庚先生杰出的才华。剑桥大学又让华罗庚发生了脱胎换骨的华丽转变，从一个优秀的数学家变成了一位世界级的数学大师。

就这样，数学这门在中国已近绝学的古老学问，在这些卓越数学家的带领下，走向了一个全新的时代。一场可以与世界比肩的接力赛开始了，而且一直持续到今天。

---

① 邢军纪. 2010. 最后的大师. 北京：北京十月文艺出版社.

参 考 资 料

本杰明·史华慈.1990.寻求富强——严复与西方.南京:江苏人民出版社.

蔡元培.2011.蔡元培自述.文明国编.北京:人民日报出版社.

蔡元培.2010.新人生观 蔡元培随笔.北京:北京大学出版社.

陈广忠.2012.淮南子.北京:中华书局.

陈遵妫.2006.中国天文学史.上海:上海人民出版社.

程国新.2005.庚款留学百年.北京:东方出版社.

戴玄之.2010.义和团研究.北京:北京大学出版社.

丁文涛.1936.亡弟在君童年轶事追忆录.独立评论,(188).

房龙.2002.人类的故事.刘海译.西安:陕西师范大学出版社.

费正清,费维恺.1994.剑桥中华民国史.下卷.北京:中国社会科学出版社.

费正清.1994.剑桥中国民国史.上卷.北京:北京社会科学出版社.

冯锐.2009.中国地震科学史研究.地震学报,31.

傅斯年.2010.历史语言研究所工作之旨趣//林文光.傅斯年文选.成都:四川文
   艺出版社.

傅斯年.2010.中国历史分期之研究//林文光.傅斯年文选.成都:四川文艺出版
   社.

高星,等.2009.探幽考古的岁月.北京:海洋出版社.

格里德.2010.胡适与中国的文艺复兴.鲁奇译.南京:江苏人民出版社.

郭郛,钱燕文,等.2004.中国动物学发展史.哈尔滨:东北农业大学出版社.

胡适.2009.丁文江传.北京:东方出版社.

胡适.1936.丁在君这个人.独立评论,(188).

胡适.2005.胡适口述自传.唐德刚译注.桂林:广西师范大学出版社.

胡适.1995.胡适文集.北京:北京燕山出版社.

胡适.1995.胡适自传.南京:江苏文艺出版社.

胡宗刚.2008.胡先骕先生年谱.南昌:江西教育出版社.

胡宗刚.2005.静生生物调查所史稿.济南:山东教育出版社.

黄天树.2007.殷墟甲骨文验辞中气象的记录//陈昭容.古文字与古代史.第一辑.
   台北:"中央研究院"历史语言研究所.

贾兰坡，黄慰文.1984.周口店发掘记.天津：天津科学技术出版社.

江晓原，吴燕.2004.紫金山天文台史稿.济南：山东教育出版社.

康有为.2011.孔子改制考.台北：台湾"商务印书馆".

李济.1994.安阳.贾士衡译.台北："国立"编译馆.

李济.2008.李济学术随笔.上海：上海人民出版社.

李济.2007.中国早期文明.上海：上海世纪出版集团.

李济著.2005.中国文明的开始.南京：江苏教育出版社.

李善邦.1981.中国地震.北京：地震出版社.

李学通.2005.翁文灏年谱.济南：山东教育出版社.

李约瑟.1975.中国科学技术史.北京：科学出版社.

梁启超.2009.李鸿章传.西安：陕西师范大学出版社.

梁启超.2005.饮冰室合集.夏晓红辑.北京：北京大学出版社.

刘兴育.2010.熊庆来.昆明：云南大学出版社.

刘衍淮.1975.中国西北科学考察团之经过与考查成果.师大学报，（20）.

罗桂环.2009.中国西北科学考察团综论.北京：中国科学技术出版社.

罗斯玛丽·列文森.2010.赵元任传.焦立为译.石家庄：河北教育出版社.

梅贻琦.2004.大学一解//梁启超，蔡元培，等.大学的精神.北京：北京友谊出
    版公司.

裴文中.1990.裴文中科学论文集.北京：科学出版社.

钱伟长.2011.2012.20世纪中国知名科学家学术成就概览.地学卷.大气科学与海
    洋科学分册.北京：科学出版社.

钱伟长.2012.20世纪中国知名科学家学术成就概览.地学卷.古生物学分册.北
    京：科学出版社.

秦怀钟.2008.中国古脊椎动物学奠基人.西安：西安出版社.

寿春堂叶氏家谱.上海图书馆收藏.

斯文·赫定.2010.我的探险生涯.孙仲宽译.乌鲁木齐：新疆人民出版社.

唐锡仁，杨文衡.2000.中国科学技术史·地学卷.北京：科学出版社.

托马斯·亨利·赫胥黎.1965.天演论.严复译.台北：台湾"商务印书馆".

王汎森，潘光哲，吴政上.2011.傅斯年遗札.台北："中央研究院"历史语言研究
    所.

王树槐.1974.庚子赔款.台北："中央研究院"近代史研究所.

翁文灏.1941.丁文江先生传.地质评论，6（1，2）.

吴文俊.1998.中国数学史大系.北京：北京师范大学出版社.

夏晓红 . 2006 . 阅读梁启超 . 北京：生活·读书·新知三联书店 .

谢毓寿，蔡美彪 . 1983 . 中国地震历史资料汇编 . 北京：科学出版社 .

邢军纪 . 2010 . 最后的大师 . 北京：北京十月文艺出版社 .

熊有德 . 2009 . 我和爷爷熊庆来 . 杭州：浙江文学出版社 .

徐旭生 . 2000 . 徐旭生西行日记 . 银川：宁夏人民出版社 .

许明龙 . 2007 . 欧洲 18 世纪中国热 . 北京：外语教学与研究出版社 .

亚里士多德 . 2010 . 动物四篇 . 吴寿彭译 . 北京：商务印书馆 .

亚里士多德 . 2010 . 动物志 . 吴寿彭译 . 北京：商务印书馆 .

亚里士多德 . 2007 . 天象论·宇宙论 . 吴寿彭译 . 北京：商务印书馆 .

严复 . 2007 . 天演论 . 北京：人民日报出版社 .

杨翠华 . 1991 . 中基会对科学的赞助 . 台北："中央研究院"近代史研究所 .

杨天宇 . 2004 . 周礼译注 . 上海：上海古籍出版社 .

杨钟健 . 2009 . 剖面的剖面 . 北京：科学出版社 .

杨钟健文集编辑委员会 . 1982 . 杨钟健文集 . 北京：科学出版社 .

杨钟健 . 1957 . 演化的实证与过程 . 北京：科学出版社 .

杨钟健 . 1957 . 重编记骨室文目 . 作者私人收藏 .

叶良辅，章鸿钊 . 2011 . 中国地质学史二种 . 上海：上海书店出版社 .

叶企孙 . 1916 . 考正商功 . 清华学报，2（2）：

叶企孙 . 1917 . 中国算学史略 . 清华学报，2（6）.

岳南 . 2008 . 陈寅恪与傅斯年 . 西安：陕西师范大学出版社 .

翟启慧，胡宗刚 . 2006 . 秉志文存 . 北京：北京大学出版社 .

张九辰，徐凤先，李新伟，等 . 2009 . 中国西北科学考察团专论 . 北京：中国科学
    技术出版社 .

张载 . 1978 . 张载集·正蒙·太和篇第一 . 北京：中华书局 .

章鸿钊 . 1936 . 我对于丁在君的回忆 . 地质评论，1（3）.

浙江书局 . 1986 . 二十二子 . 上海：上海古籍出版社 .

中国大百科全书出版社《简明不列颠百科全书》编辑部 . 1985 . 简明不列颠百科全
    书 . 北京：中国大百科全书出版社 .

朱文华 . 1992 . 胡适——开风气的尝试者 . 上海：复旦大学出版社 .

竺可桢 . 2011 . 天道与人文 . 施爱东编 . 北京：北京出版社 .

竺可桢 . 2004 . 竺可桢全集 . 第二卷 . 上海：上海科技教育出版社 .

后　记

　　穿越到这里就告一段落了，本书和大家一起穿越了辛亥革命前后那几十年的时光。　这里没有跟大伙聊戊戌变法，没聊辛亥革命，也没聊北伐和抗日战争，聊的是历史另外一个层面，也就是科学来到中国的那些故事、那些人。　萧乾老先生说过一句话："人生不宜近写，应当隔些时候，隔些距离，才可以稍微使图像凸显出来。"老多写百年来这些人，目的也是试图给大家展现一个图像，一幅风景画，在这幅画里，我们看到的不是战火，没有英雄，但是可以看到那几十年里，跟英雄们差不多，也是用尽了自己全部的生命，致力于建设中国科学大厦的普通人，还有他们创造的历史。　只不过他们创造的历史不是老多这本书能写完的，老多学识有限，在这本书里老多只能挑比较熟悉的一部分，而且是很小的一部分。

　　老多之所以会写这本书，一方面因为老多有幸出生在书里写到的一位学者的家里，并亲眼目睹和聆听过书中写到的许多学者的音容；另一方面，因为老多和许多男孩子一样，从小就对历史充满了兴趣，并且对历史上无论伟大的还是普通的人都充满了敬畏。　而且老多知道，历史就像一面镜子，我们不但可以从里面看到过去，也可以看到现在，看到将来，如同穿越了一般，所以本书的书名也叫做"穿越百年的中国科学"。

本书如果在书店里，肯定会放在科普类的书架上。一般认为科普是用通俗易懂、妙趣横生的语言向读者讲述各种科学知识的，但本书却不是这样。读完本书大家也许已经发现了，基本没有详细地描述科学知识本身，为什么呢？因为本书注重的不是科学的知识，而是科学的精神。科学知识可以根据兴趣的不同去获取，比如夜里喜欢跑到外面看星星，那就去学习天文学；喜欢花草、喜欢野外美好的大自然，就去学植物学或生态学等。但无论对何种学科、何种知识感兴趣，科学精神都是必需的。老多曾经写过另外一本书《贪玩的人类》，在那本书里，老多以玩的方式描述了自古以来科学来到我们跟前的历程。在那本书里大家可以看到，那些创造了伟大科学的人其实和我们一样，都是普通人，不一样的就是他们那无尽的好奇心和科学精神。

不过，那本书里写的都是泰勒斯、哥白尼、伽利略、牛顿、爱因斯坦，他们都是外国人，是洋人，现代科学（science）也的的确确是来自西方。但是在整个人类文明的进程中，现在被称为科学的历史仅仅不到 500 年，在 500 年以前就没有科学吗？确实没有，但是科学思维、科学精神有，现代科学就来自整个人类文明史中的科学思维和科学精神。这种科学思维和科学精神不但外国有，我们中国也有，而且往往比洋人来得更早。

本书是写百年前那些学者的故事的，他们都是中国某个科学领域的领路人和开创者，是中国走入现代文明的启蒙者。可他们开创的科学领域都来自西方，那么这些来自西方的科学是西方人的专利吗？是上帝小朋友交给西方人的礼物吗？不是的！无论哪种科学其实都是来自人类自己的创造，是人类智慧的积累，而这个积累过程往往都开始于中国。所以在这本书里，当老多开始写到一个学者时，最先说起的，都是这门科学最初的来源，老多尽量多地描述了这门科学中包含着的中国人的智慧和中国人的贡献。老多是想告诉大家，中国人自古就是极富科学精神的，但为什么现代科学没有产生在中国，原因在哪里？这是值得也是需要我们认真思考和自省的。

有人可能会问，科学是研究宇宙万物的，我不是搞科研的，科学精神对我没有意义。 这也是老多非常想告诉大家的，科学精神对于一个人来说其实是无处不在的，不仅仅科学家需要。 著名地质学家丁文江先生这样说过："科学不但无所谓'向外'，而且是教育同修养最好的工具。 因为天天求真理，时时想破除成见，不但使科学的人有求真理的能力，而且有爱真理的诚心。 ……这种'活泼泼地'心境，只有拿望远镜仰察过天空的虚漠，用显微镜俯视过生物的幽微的人方能参领得透彻——又岂是枯坐谈禅、妄言玄理的人所能梦见？"所以，科学精神不仅仅属于科学家，科学精神可以让男士们成为谦谦君子，可以让女士们成为窈窕淑女，科学精神是人类所有最善良、最高尚、最优美的品格的源泉。

看完本书会发现，和书里写到的那些学者们相比，我们是非常幸运的，谁也不必为经常响在耳边的枪炮和轰炸机的怪叫而烦恼和恐惧，如今我们的耳边响着的是美妙的音乐，当然我们也会经常为听到汽车或建筑工地发出的噪声而烦恼。 如今我们的烦恼确实也很多，比如房子、车子、孩子，还有果冻和牛奶的安全问题总是困扰着我们，可和书里写的那些人相比，那就有点儿小菜一碟了。 当我们在抱怨自己的烦恼或社会的不公平的时候，我们可以试着穿越百年的时光，去看看当年那些学者们，他们在随时都可能被一颗子弹要了性命、随时都可能被炸弹炸成碎片的时代都在干啥，这时再回过头来看自己，生活也许就可以变得快乐起来了。

不过话又说回来了，前辈们为什么要这么玩命呢？ 除了满足心中的好奇，再有就是为国家的强大，强大靠的是什么？ 今天中国已经是经济强国，大家也都过上了幸福快乐的生活，而在200多年前的清朝中期，乾隆时代中国的国民生产总值占全世界的1/3，比现在还强，但为什么后来中国却被洋人欺辱？ 因为中国那时还没有科学。 中国只有在科学上强大起来，才是我们幸福快乐生活最大的保证。

本书里写的许多故事，尤其是古代的，按东北人讲话属于忽悠，之所以要忽悠，老多是希望本书的可读性可以得到一点点加强。 但是有一个问题也来了，老多在尽情忽悠的时候可能会忽略了一些史实的细节，如果您是一位严谨的历史学家、历史老师，欢迎您对老多的忽悠提出严肃的批评，不过有一点也请您放心，老多没有一点要歪曲历史的意思。虽然有不少忽悠，这本书里写到的所有近代学者都是真实的，在写他们的故事的时候，老多也尽量要求是最真实的。为此我在写完初稿以后，想尽办法找到那些学者的后代，把稿子给他们看，让他们为我提出意见和建议，为此老多要向他们表示由衷的感谢，他们有梁启超先生的曾孙梁鉴先生，叶企孙先生的世侄叶铭汉先生，翁文灏先生的公子翁心钧先生，翁文波先生及他的孙儿翁伟庆先生，熊庆来先生的公子熊秉群先生，赵九章先生的女儿赵丽增女士等，他们都非常认真地阅读了拙作，并提出宝贵的意见和建议。

另外，老多在写作的过程中，还请教、咨询了许多大学者和朋友，其中有国家地震局陈运泰院士、中国科学院古脊椎动物与古人类研究所赵资奎先生、四川民族大学人类学肖坤冰博士、台湾"中央研究院"地球物理研究所赵丰所长、台湾"中央研究院"历史语言研究所蓝敏菁小姐等。蓝敏菁小姐还从台湾为老多寄来了《傅斯年遗扎》、《安阳》、《庚子赔款》、《中基会对科学的赞助》和《殷历谱》等好几本由台湾"中央研究院"出版的宝贵资料。他们给予老多很多支持、帮助、热情和建设性的意见与建议，老多在此一并表示由衷的感谢！

老 多

2012 年 10 月 11 日于北京多草堂